가르쳐주세요!
열에 대해서

가르쳐주세요!

열에 대해서

초판 1쇄 인쇄일 2022년 9월 28일
초판 1쇄 발행일 2022년 10월 5일

지은이 정완상 삽화 새롬
펴낸이 김지영 펴낸곳 지브레인Gbrain
마케팅 조명구 제작 · 관리 김동영

출판등록 2001년 7월 3일 제2005-000022호
주소 04021서울시 마포구 월드컵로7길 88 2층
전화 (02)2648-7224 팩스 (02)2654-7696
블로그 http://blog.naver.com/inu002

ISBN 978-89-5979-750-9 (04420)
978-89-5979-760-8 SET

• 책값은 뒷표지에 있습니다.
• 잘못된 책은 교환해 드립니다.

노벨상 수상자 빌헬름 빈

가르쳐주세요!

열에 대해서

정완상 지음 새롬 그림

추천사

노벨상의 주인공을 기다리며

《노벨상 수상자 시리즈》는 존경과 찬사의 대상이 되는 노벨상 수상자 그리고 수학자들에게 호기심 어린 질문을 하고, 자상한 목소리로 차근차근 알기 쉽게 설명하는 책입니다. 미래를 짊어지고 나아갈 어린이 여러분들이 과학 기술의 비타민을 느끼기에 충분합니다.

21세기 대한민국의 과학 기술은 이미 세계화를 이룩하고, 전통 과학 기술을 첨단으로 연결하는 수많은 독창적 성과를 창출해 나가고 있습니다. 따라서 개인은 물론 국가와 민족에게도 큰 긍지를 주는 노벨상의 수상자가 우리나라의 과학 기술 분야에서 곧 배출될 것으로 기대되고 있습니다.

우리나라의 현대 과학 기술력은 세계 6위권을 자랑합니다. 국제 사회가 인정하는 수많은 훌륭한 한국 과학 기술인들이 세계 곳곳에서 중추적 역할을 담당하며 활약하고 있습니다.

우리나라의 과학 기술 토양은 충분히 갖추어졌으며 이 땅에서 과학의 꿈을 키우고 기술의 결실을 맺는 명제가 우리를 기다리고 있습니다. 노벨상 수상의 영예는 바로 여러분 한명 한명이 모두 주인공이 될 수 있는 것입니다.

《**노벨상 수상자 시리즈**》는 여러분의 꿈과 미래를 실현하기 위한 소중한 정보를 가득 담은 책입니다. 어렵고 복잡한 과학 기술 세계의 궁금증을 재미있고 친절하게 풀고 있는 만큼 이 시리즈를 통해서 과학 기술의 여행에 빠져 보십시오.

과학 기술의 꿈과 비타민을 듬뿍 받은 어린이 여러분이 당당히 '노벨상'의 주인공이 되고 세계 인류 발전의 주역이 되기를 기원합니다.

국립중앙과학관장 공학박사 **조청원**

조청원

과학자 **빌헬름 빈** Wilhelm Wien

1864~1928년

빈은 19세기 후반에 열복사의 법칙을 발표하여, 열과 빛 사이의 관계를 완벽하게 설명하는 데 성공했습니다.

열은 뜨거운 물체에서 차가운 물체로 이동하는데 열의 이동 방법에는 세 가지가 있습니다.

고체 상태의 물질을 통해서 열이 전달되는 것을 전도라고 합니다. 여름에 뜨거워진 자동차에 손을 대면 뜨거운 것은 자동차의 열이 전도를 통해 손으로 전달되었기 때문이지요. 두 번째 열의 이동 방법으로는 대류를 들 수 있습니다. 대류는 액체나 기체 상태의 물질을 통하여 열이 전달되는 것을 말합니다. 물이 들어 있는 냄비를 가스레인지에 올려놓으면 냄비가 데워지면서 냄비의 열이 물을 통해 고르게 전달되는데 이것이 바로 대류입니다.

그럼 복사는 어떤 방법으로 열이 전달되는 것일까요? 복사란 중간에 아무것도 거치지 않고 뜨거운 물체에서 차가운 물체로 열이 전달되는 방식을 말합니다. 아주 추운 날 불 근처에 있으면 따뜻해지는 것은 불에서 복사를 통해 우리 몸으로 열이 전달되기 때문이지요. 또한, 한낮에 지구가 따뜻해지는 것은 태양의 열이 복사를 통해 지구에 전달되기 때문입니다. 빈은 그동안 많은 과학자들이 원리를 찾지 못해 어려워했던 열의 복사 원리를 완벽하게 밝혀냈습니다.

빈은 청년 시절에 물체가 가열되면 온도가 올라가고 그 온도에 따라 서로 다른 색깔의 빛을 낸다는 사실을 알아냈습니다. 이것을 빈의 법칙이라고 하는데 이 법칙에 따르면 가열된 물체에서 나오는 빛의 색깔을 보고 가열된 물체의 온도를 대충 알 수 있지요. 예를 들어 가열된 물체에서 붉은빛이 나오면 물체의 온도가 낮다는 뜻이며 보랏빛이 나오면 물체의 온도가 높다는 뜻입니다. 빈은 이 사실을 바탕으로 별빛의 색깔만으로 별의 온도를 알 수 있게 해 주었습니다. 예를 들어 붉게 빛나는 별은 온도가 낮은 별이고 보랏빛으로 빛나는 별은 온도가 높은 별이지요.

또한 빈은 가열된 물체의 색깔이 그 물체가 흡수한 특정한 색깔의 빛을 방출하기 때문이라는 사실을 알아냈습니다. 즉 가열했을 때 노란빛을 내는 나트륨은 모든 색깔의 빛 중에서 노란빛만을 흡수하기 때문에 가열하면 노란빛이 튀어나옵니다. 빈은 이 결과에서 어떤 물체가 모든 색깔의 빛을 흡수한다면 그 물체를 가열했을 때 모든 색깔의 빛이 나올 것이라고 생각했지요. 빈은 이 물체를 검은 물체(흑체)라고 부르고 이를 제작하는 데 성공했습니다.

빈은 검은 물체를 가열했을 때 나오는 여러 가지 색깔의 빛의 세기를 조사했습니다. 그래서 빛의 세기와 빛의 색깔 사이의 관계를 알아냈지요. 이것이 유명한 흑체복사 실험입니다.

빈은 열복사 법칙과 검은 물체의 복사 실험으로 1911년 노벨 물리학상을 받았습니다. 그 후로도 연구를 멈추지 않았던 빈은 실험과 이론 모두에서 놀라운 재능을 보여 1906년에는 X선의 에너지를 측정하는 장치를 발명해 X선의 파장을 정확하게 밝혀냈습니다. 또한 원자 속에 양의 전기를 띤 알갱이가 존재한다는 사실을 알아냈는데 이것은 나중에 러더퍼드가 이름을 붙인 양성자였습니다.

빈은 플랑크와 함께 독일의 물리학 잡지인《물리학연보》의 편집을 맡으면서, 세계 물리학의 발전에 기여했고 1926년에는 물리학의 실험 안내책자인《실험물리 핸드북》을 썼습니다. 또한 학생들에게 존경과 사랑을 받은 과학자로 물리학에 대한 커다란 열정을 가지고 평생을 살았습니다.

이제 여러분은 빈과의 채팅을 통해 온도란 무엇인지, 열이 전달되는 방법에는 어떤 것이 있는지, 열복사 법칙이란 무엇인지를 배우게 됩니다.

여러분은 이 책을 통해서 천재 과학자의 놀라운 생각과 혁명적인 아이디어를 접할 수 있습니다. 그리고 새로운 물리학의 법칙을 발견할 수 있는 힘을 얻을 것입니다.

자! 그럼 기초부터 차근차근 빈과의 채팅을 통해 열복사 법칙을 완전히 이해해 봅시다.

차례

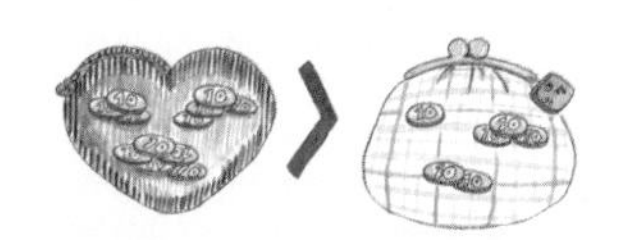

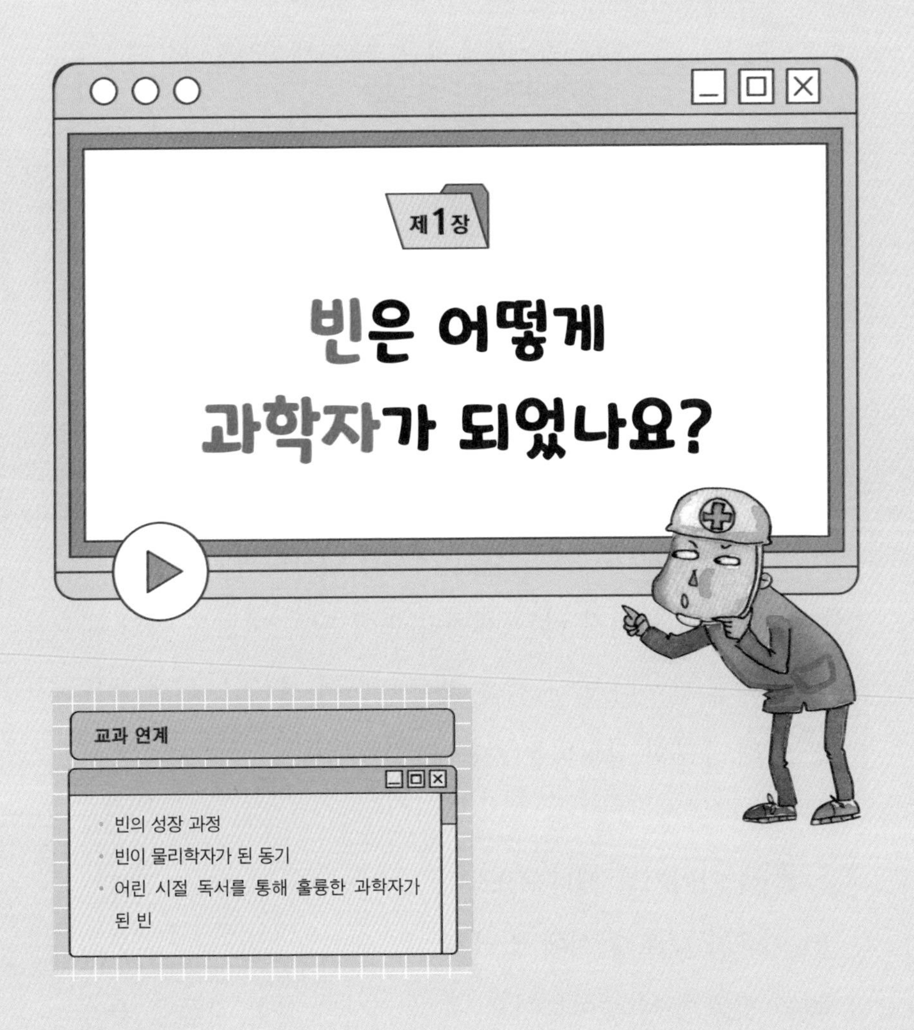

빈은 어떻게 과학자가 되었나요?

교과 연계

- 빈의 성장 과정
- 빈이 물리학자가 된 동기
- 어린 시절 독서를 통해 훌륭한 과학자가 된 빈

학습 목표

빈의 성장 과정과 그가 어떻게 훌륭한 물리학자가 될 수 있었는지 알아본다. 빈이 물리학 분야에서 세운 업적과 어떠한 사실을 발견했는지도 배워본다.

원희 빈 선생님, 좋은 과학자가 되려면 어릴 때 어떻게 공부해야 하나요?

빈 흔히들 과학자는 수학과 과학만 잘하면 된다고 생각하지요. 그래서 어릴 때부터 수학과 과학 이외의 책을 한 권도 읽지 않는 어린이들도 있어요. 하지만 그것은 잘못된 생각이에요. 과학자는 눈에 보이는 것을 관찰하여 기록하기도 하지만 어떤 경우에는 눈으로 볼 수 없는 아주 작은 세계나 아주 거대한 세계를 연구하기도 하니까요. 이렇게 눈에 보이지 않는 세계의 숨어 있는 법칙을 밝혀 내려면 어릴 때부터 좋은 책을 많이 읽어야 합니다. 이런 책들을 통해 풍부한 상상력을 키울 수 있으니까요.

왜 책 이야기를 했냐고요? 내가 좋은 과학자가 될 수 있었던 이유가 바로 독서에 있었기 때문이에요. 제 어머니는 책 읽는 것을 무척 좋아했어요. 특히 역사와 문학 작품을 좋아했답니다. 나는 어머니가 책을 읽을 때마다 곁에서 함께 책을 읽었어요. 그래서 어릴 때부터 좋은 책을 많이 읽을 수 있

었지요.

이제 내 어린 시절 이야기를 해 보죠. 나는 동프로이센(지금은 폴란드의 땅)의 가프켄이라는 도시에서 태어났어요.

어머니의 영향으로 어릴 때부터 좋은 책들을 많이 접했고 이것이 나에게 풍부한 상상력을 심어 주었지요. 여러 나라의 책을 읽기 위해 모국어인 독일어뿐 아니라 프랑스어도 공부했지요. 또 여러 분야의 책을 읽었지만 과학과 관련된 책을 읽는 것이 가장 좋았답니다.

물론 그 사실을 어머니도 알았나 봐요. 어머니는 나에게 과학적 재능이 있다고 생각하고 수학과 과학을 집중적으로 공부하게 했어요. 어릴 때부터 책을 많이 읽은 덕분에 새로운 수학과 과학을 이해하는 것도 그리 어렵지는 않았어요.

원희 빈 선생님에게 가장 큰 영향을 준 선생님은 누구죠?

빈 나는 20살 때 베를린 대학에 입학해 당시 최고의 물리학자인 헬름홀츠 교수님에게 물리학을 배웠어요. 헬름홀츠 교수님은 엄하기는 했지만 물리학에 대해 모르는 게 없는 분이었어요. 특히 열에 대한 연구로 유명해 나는 헬름홀츠 교수님에게 열의 성질에 대해 많은 것을 배울 수 있었습니다. 그리고 2년 만인 22살 때 물리학 박사학위를 받았어요.

헬름홀츠 교수

원희 빈 선생님은 어떤 업적으로 노벨 물리학상을 받았나요?

빈 나는 26살 때 베를린에 있는 물리공업연구소의 연구원이 되었어요. 여기서 열복사 법칙의 아이디어가 떠올랐답니다.

당시 독일은 프랑스와의 전쟁에서 이겨 프랑스 동북부의 알자스로렌 지방을 빼앗았는데 이곳은 철광석이 아주 많이

나는 곳이었어요. 철광석은 철이 들어 있는 암석을 말해요. 당시에는 철이 무척 귀했답니다. 철광석에서 철을 뽑아내는 것을 제철이라고 하는데 독일은 제철산업을 발달시켜 철제품을 많이 생산하기 위해 물리공업연구소를 만들었던 거죠.

나는 이 연구소에서 제철 과정에서 흘러나오는 철물의 온도 측정 연구를 맡게 되었어요. 철은 암석보다 낮은 온도에서 녹아 액체로 변하기 때문에 철광석을 용광로에서 높은 온도로 가열하면 철이 먼저 녹아 철물이 되어 흘러나오지요.

처음에는 용광로에서 흘러나오는 철물을 매일 보는 것이 지루했지만 오랜 관찰을 통해 흘러나오는 철물의 색깔이 가열된 철의 온도에 따라 다른 색깔을 띤다는 것을 알게 되었어요.

이 사실은 나에게 최초의 연구거리를 제공해 주었지요. 이렇게 4년 동안 철물의 온도와 철물에서 나오는 빛의 색깔과의 관계를 연구해 1893년에 가열된 물체의 온도가 높을수록 물체에서는 보랏빛이 나오고 온도가 낮을수록 붉은빛이 나온다는 것을 알아냈지요. 이것이 바로 '열복사의 법칙' 또는 '빈의 법칙'으로 이 연구로 나는 노벨 물리학상을 수상하게 되었어요.

제 1 장

핵심정리

- 빈은 어린 시절 독서를 통해 풍부한 상상력을 얻을 수 있었다.

- 빈이 독서를 많이 했던 것처럼 과학을 연구할 때는 독서가 큰 도움이 된다.

- 빈은 가열된 물체에서 나오는 빛의 파장과 가열된 물체의 온도가 비례한다는 사실을 알아냈다.

빈, 이 책 읽어봤니?
굉장히 재미있어.
응,
읽었어.

그럼
이 책들은……?

물론 다 읽었어.
정말 이 책들을
다 읽었다고? 대단해! 빈.

그래. 온도가
높으면 보랏빛,
낮으면 빨간
빛이 나는구나.

이것에 대해서
논문을 써야
겠어.

노벨 물리학상을 받은
빈을 소개합니다!

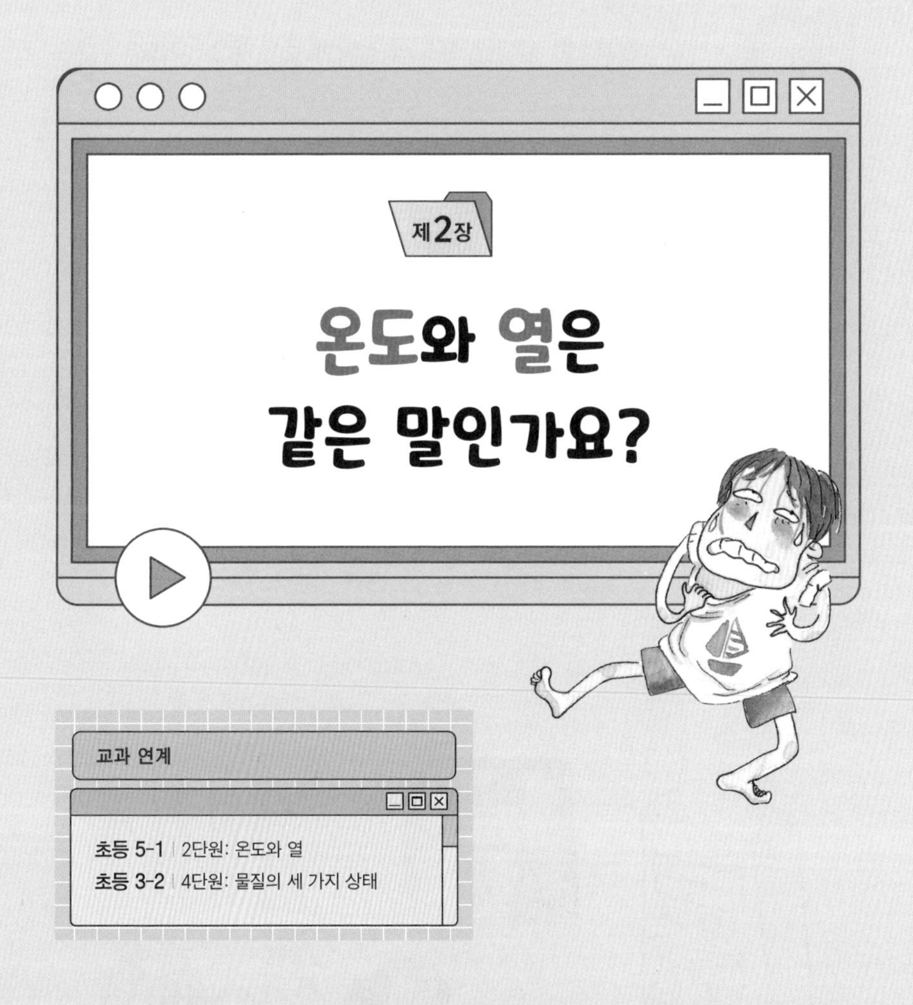

교과 연계

초등 5-1 | 2단원: 온도와 열
초등 3-2 | 4단원: 물질의 세 가지 상태

학습 목표

모든 물체는 분자로 이루어져 있고 물체의 온도는 분자들의 평균에너지와 어떤 관계가 있는지 알아본다. 물체가 열을 얻고 잃음에 따라 어떻게 변하는지에 대해서도 배워본다.

원희 빈 선생님, 온도의 정확한 뜻은 무엇인가요?

빈 우리는 일상생활에서 온도라는 말을 자주 사용해요. 누구나 집에 온도계를 가지고 있을 거예요. 여름에 실내 온도가 너무 높아지면 에어컨을 틀어 집 안의 온도를 내리고 겨울철에 일기예보에서 내일 온도가 낮다고 하면 두꺼운 옷을 입고 나가요. 또한 몸이 아플 때는 체온계로 몸의 온도를 재어 보기도 하고요.

그렇다면 온도의 정확한 뜻은 무엇일까요? 온도는 뜨겁고

차가운 정도를 숫자로 나타낸 거예요. 뜨거운 물에 손을 담그면 뜨거움을 느끼고 차가운 물에는 차가움을 느낄 거예요. 그러므로 뜨거운 물이 차가운 물보다 온도가 높다고 말할 수 있어요. 하지만 사람의 감각은 상황에 따라 달라질 수 있어요. 여러분이 차가운 물에 담갔다가 미지근한 물에 손을 담그면 뜨겁게 느껴질 거예요. 반대로 뜨거운 물에 손을 담갔다가 미지근한 물에 담그면 차갑다고 느낄 거고요.

그래서 과학자들은 물체의 뜨겁고 차가운 정도를 정확하게 나타내기 위해 온도를 정의했어요. 우리가 주로 사용하는

온도는 섭씨온도인데 이는 물이 얼 때의 온도를 0도로 하고, 물이 끓을 때의 온도를 100도로 나타내요. 즉, 온도가 100도인 물체는 온도가 30도인 물체보다 뜨겁다고 말하지요. 그리고 물이 얼 때보다 온도가 낮으면 온도가 0보다 작아지는데 이것을 영하온도라고 불러요. 즉 영하 1도는 0도보다 1도 낮은 온도예요.

온도는 단지 뜨겁고 차가운 정도를 나타내기 위해 도입한 숫자일 뿐일까요? 그건 아니에요. 이제 온도의 정확한 뜻을 알아보기로 하죠.

우리 주위에는 많은 물체들이 있어요. 이 물체들은 아주 작은 알갱이들로 이루어져 있지요. 예를 들어 물은 물의 성질을 띠는 아주 작은 알갱이들이 모여서 만들어져요. 이 알갱이들이 많이 모이면 양이 많아지고 적게 모이면 물의 양이 적어지는 거예요. 과학자들은 이 작은 알갱이를 분자라고 불러요. 분자는 너무 작아서 눈으로는 볼 수 없고 전자현미경을 이용하

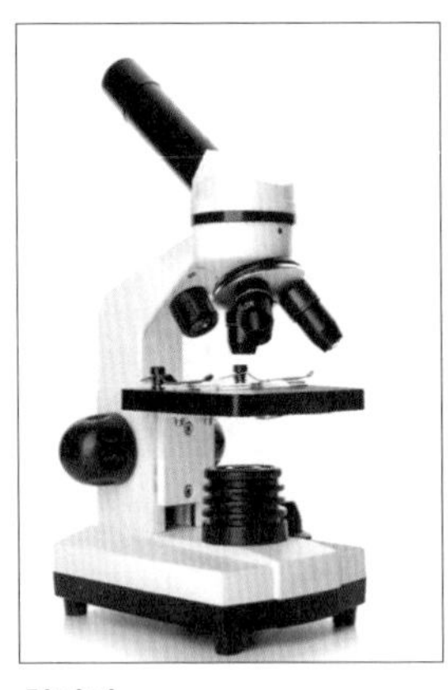
현미경

면 볼 수 있답니다.

원희 물체 속에서 분자들은 어떻게 움직이나요?

빈 물체 속에서 분자들은 끊임없이 움직이고 있어요. 그런데 이들 분자들은 온도가 높을수록 더욱 빠르게 움직인답니다. 빠르게 움직이면 속도가 커지지요? 아하! 그러니까 온도가 높으면 분자들의 속도가 커지는군요. 물체의 무겁고 가벼운 정도를 나타내는 양을 질량이라고 해요. 질량의 단위는 킬로그램이나 그램을 사용하는데 질량이 100킬로그램인 물체는 질량이 50킬로그램인 물체보다 두 배 무거워요.

이때 물체의 질량과 속도의 제곱의 곱을 2로 나눈 값을 물체의 운동에너지라고 불러요. 그러면 물체의 속도가 커질 때 운동에너지가 커지겠죠? 그러므로 온도가 높을수록 물체의 운동에너지가 커집니다. 물체의 온도는 물체를 이루는 분자들의 운동에너지와 관련이 있기 때문에 과학자들은 물체의 온도를 물체를 이루는 분자들의 운동에너지의 평균으로 정의해요. 즉 물질이 가진 전체 운동에너지를 분자들의 수로

나눈 값이에요. 온도가 높아지면 전체적으로 분자들이 빠르게 움직이니까 전체 운동에너지가 커지죠? 그러므로 운동에너지의 평균은 커집니다. 이것을 수로 나타낸 값이 바로 온도예요.

원희 왜 온도를 운동에너지의 평균으로 정의하는 거죠?

빈 물체 속의 분자들이 모두 같은 속도로 움직이지 않기 때문이에요. 즉 아주 빠른 분자도 있

고 그보다 조금 느리게 움직이는 분자도 있기 때문이에요.

좀 더 쉬운 비유를 들어 보죠. 각각 세 명의 어린이로 구성된 두 동아리가 있다고 해 봐요. 동아리 이름은 각각 사랑과 우정이에요. 사랑동아리에는 미나, 지나, 유나 이렇게 세 명의 여자 어린이가 있고 우정동아리에는 해성, 태호, 진우 이렇게 세 명의 남자 어린이가 있다고 해 보죠. 이제 각각의 어린이들을 분자에 비유해 봐요. 그리고 동아리를 물체에 비유해 보고요. 그러면 두 물체는 세 개의 분자로 이루어져 있죠?

현재 미나, 지나, 유나가 가진 돈이 각각 30원, 40원, 50원이고 해성, 태호, 진우가 가진 돈이 각각 10원, 20원, 30원 있어요. 그럼 사랑동아리가 가진 돈은 120원이고 우정동아리가 가진 돈은 60원이에요. 그럼 사랑동아리의 돈의 평균은 120원을 3으로 나눈 40원이 되고, 우정동아리의 돈의 평균은 60원을 3으로 나눈 20원이 되지요? 여기서 돈을 운동에너지에 비유해 봐요. 그럼 사랑동아리라는 물체의 운동에너지의 평균이 우정동아리라는 물체의 운동에너지의 평균보다 크지요? 그러므로 사랑동아리라는 물체가 우정동아리라는 물체보다 온도가 높다고 말할 수 있어요. 이제 왜 온도를 운동에너지의 평균으로 정의하는지 알겠죠?

원희 그럼 열은 뭐죠?

빈 열은 에너지의 한 종류에요. 그래서 열을 열에너지라고도 불러요. 어떤 야구선수가 도루를 하기 위해 슬라이딩을 했어요. 이 선수는 아주 빠르게 달리다가 슬라이딩을 하면서 속도가 줄어들었지요? 그럼 처음에는 속도가 빠르니까 운동에너지가 크고 나중에 멈추었을 때는 속도가 0이니까 운동에너지가 0이에요. 따라서 이 선수의 운동에너지가 줄어들었지요? 그럼 이 선수의 운동에너지는 어디로 사라졌을까요? 그것은 바로 바닥과의 마찰에 의한 열로 바뀐 것이죠. 즉 야구선수가 가지고 있던 운동에너지가 옷과 잔디와의 마찰에 의해 열에너지로 바뀐 거예요. 이제

열이 에너지라는 것이 이해가 가죠?

원희 열과 온도는 어떤 관계가 있죠?

빈 열은 물질의 온도를 변화시키는 원인이에요. 열은 에너지이므로 열을 받은 물질은 전체 에너지가 커져 온도가 올라가고, 반대로 열을 잃으면 물질의 온도는 내려가요. 이것도 돈을 에너지에 비유하여 설명할 수 있어요. 좀 전에 사랑동아리가 가진 돈이 120원이었죠? 그런데 누군가 이 동아리에 30원을 주었다고 해 보죠. 그러면 사랑동아리의 돈은 150원으로 늘어나므로 평균은 50원이 되어 돈을 받기 전의 40원보다 10원이 증가해요. 이때 동아리에 준 돈이 바로 물체에 공급된 열이에요.

반대로 사랑동아리가 30원을 누군가에게 주었다고 해 보죠. 그러면 사랑동아리의 돈은 90원으로 줄고 평균은 30원이 되어 10원이 줄어들지요? 이때 다른 사람들에게 준 돈 30원은 물체가 잃어버린 열이에요. 그러므로 물체가 열을 얻으면 물체의 온도가 올라가고 열을 잃으면 물체의 온도가 내려가요.

이런 예는 어디서 볼 수 있을까요? 뜨거운 여름날, 도로에 세워둔 차 안은 온도가 굉장히 높아요. 그건 바로 태양에서 오는 열 때문에 온도가 올라갔기 때문이에요. 열을 잃어버리는 대표적인 예를 들어 보면, 동생의 머리가 뜨거워졌을 때 차가운 얼음 주머니를 머리에 대지요? 바로 얼음 주머니가 머리의 열을 빼앗아 내려가는 것이랍니다.

제 2장 핵심정리

- 온도는 뜨겁고 차가운 정도를 숫자로 나타낸 것이다.
- 모든 물체는 분자로 이루어져 있고 물체의 온도는 분자들의 평균 운동에너지이다.
- 온도를 운동에너지의 평균으로 정의하는 이유는 물체 속의 분자들이 빠르게 또는 느리게 움직이기 때문이다.
- 열은 온도가 높은 물체에서 낮은 물체로 이동하는 에너지로 열을 얻은 물체의 온도는 올라가고 열을 잃은 물체의 온도는 내려간다.

시간 됐다. 이제 그만
집으로 가자!

아! 너무 뜨거워서
차를 못 타겠다.

내게 좋은
생각이 떠올랐어.
알콜이 필요한데…….

음…… 태양의 열을 받아
온도가 고기를 익힐 정도로
충분히 높아졌군.

자동차 고기 식당

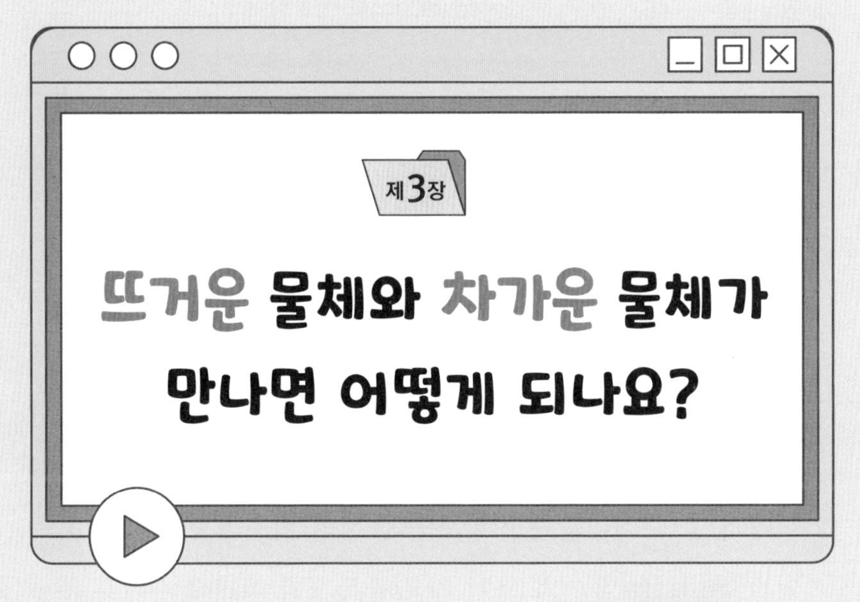

제3장

뜨거운 물체와 차가운 물체가 만나면 어떻게 되나요?

교과 연계

초등 3-2 | 4단원: 물질의 세 가지 상태
중등 1 | 6단원: 분자의 운동
중등 1 | 5단원: 상태 변화와 열에너지

학습 목표

열이 어떠한 성질을 가지고 있으며 어떻게 이동하는지에 대해서 알아본다. 같은 부피의 찬물과 더운물을 섞으면 어떤 현상이 일어나는지도 배워본다.

원희 열은 어떤 방향으로 이동하나요?

빈 높은 곳에 있는 공은 저절로 아래로 내려옵니다. 이렇게 물체는 위에서 아래로는 움직이지만 아래서 위로는 움직이지 않아요.

마찬가지로 열도 공처럼 움직이는 방향이 있어요. 그럼 열이 이동하는 방향은 뭘까요? 열은 바로 높은 온도의 물체에서 낮은 온도의 물체로 이동한답니다. 예를 들어 동생의 머리에 얼음 주머니를 올려놓으면 동생의 머리의 온도는 높고 얼음 주머니는 온도가 낮기 때문에 동생의 머리에서 얼음 주머니로 열이 이동해요.

원희 찬물과 더운물을 섞으면 왜 미지근한 물이 되나요?

빈 더운물은 온도가 높은 물체이고 찬물은 온도가 낮은 물체예요. 그러므로 열은 더운물에서 찬물로 이동하지요. 그래서 열을 잃은 더운물은 온도가 내려가

고 열을 얻은 찬물은 온도가 올라가요. 이 과정은 찬물과 더운물의 온도가 같아질 때까지 계속됩니다. 이때 찬물과 더운물이 섞여 같은 온도가 되었을 때를 열평형이라고 부릅니다.

열평형이 되면 두 물체 사이에 온도의 차이가 없으니까 더 이상 열이 흐르지 않아요. 그러므로 온도는 더 이상 변하지 않아요.

원희 온도가 다른 두 물을 섞으면 물의 온도는 어떻게 되나요?

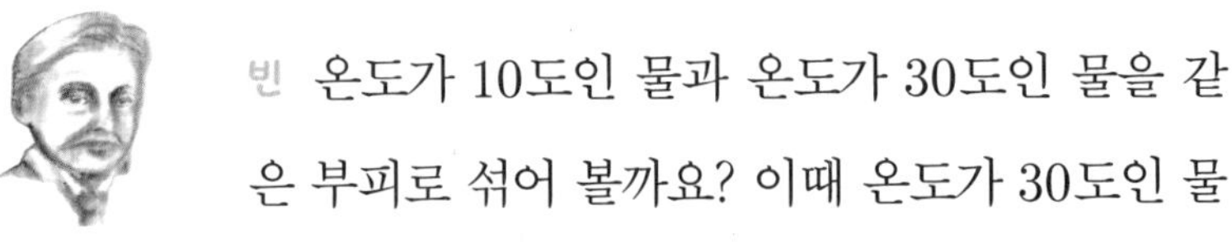

빈 온도가 10도인 물과 온도가 30도인 물을 같은 부피로 섞어 볼까요? 이때 온도가 30도인 물에서 온도가 10도인 물로 열이 이동합니다. 그래서 두 물의 온도가 같아지는 순간 열의 이동은 멈추게 돼요. 이렇게 열평형이 일어났을 때 물의 온도는 20도가 됩니다. 하지만 이것은 두 물의 부피가 같을 때만 이렇게 됩니다.

이것을 앞에서처럼 동아리와 돈으로 비유해 보죠. 사랑동아리는 세 명으로 이루어져 있고 각각 30원씩을 가지고 있어요. 그리고 우정동아리 역시 세 명으로 이루어져 있고 각각 10원씩 가지고 있다고 해 보죠. 여기서 두 동아리가 같은 수의 어린이로 이루어진 것은 같은 부피를 의미해요. 그럼 사랑동아리의 돈의 평균은 30원이 되고 우정동아리의 돈의 평균은 10원이 되지요. 그럼 두 동아리가 하나로 합쳐진다면 어떻게 될까요? 전체 돈은 사랑동아리의 돈 90원과 우정동아리의 돈 30원을 합친 120원이 되고 어린이의 수는 6명이

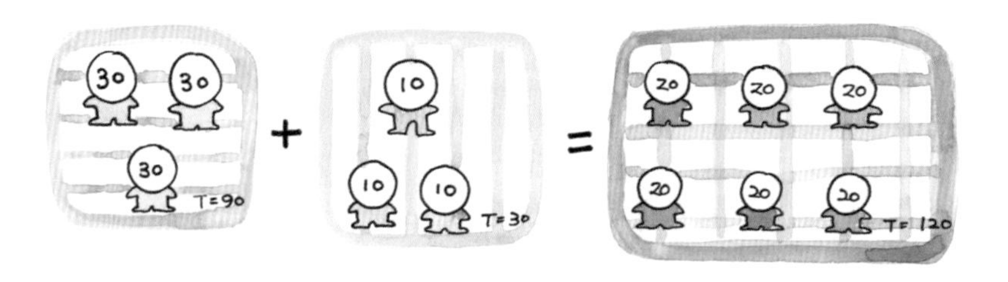

므로 가진 돈의 평균은 20원이 됩니다. 그러므로 사랑동아리에서 우정동아리로 30원이 이동한 셈이지요.

원희 같은 부피가 아닌 찬물과 더운물을 섞으면 어떻게 되나요?

빈 차가운 수영장에 뜨거운 물 한 컵을 부었다고 수영장 물이 미지근해지지는 않습니다. 그 이유는 수영장에 들어 있는 찬물의 부피가 뜨거운 물의 부피에

비해 너무나 크기 때문이에요. 이때도 수영장의 물의 온도는 아주 조금 올라갈 거예요. 뜨거운 물이 열을 주었으니까요. 하지만 거의 느낄 수 없을 정도로 조금 올라가겠지요. 이것을 동아리와 돈으로 또 비유해 볼까요?

사랑동아리는 세 명으로 이루어져 있고 전체가 가진 돈은 90원이라고 해 보죠. 우정동아리는 997명으로 이루어져 있고 전체가 가진 돈은 9,970원이고요. 그럼 사랑동아리가 가진 돈의 평균은 30원이고 우정동아리가 가진 돈의 평균은 10원이므로 사랑동아리는 온도가 더 높은 물체를 나타내요. 이제 두 동아리가 섞여 하나의 동아리가 되었다고 해 보죠. 이때 새로운 동아리의 돈은 9,970+90=10,060(원)이 되고 동아리의 어린이의 수는 1,000명이 되잖아요? 그러므로 가진 돈의 평균은 10,060원을 1,000으로 나눈 10.06원이 돼요. 그러니까 우정동아리가 가진 돈의 평균은 0.06원 늘어났지요? 거의 안 늘어났잖아요? 이것은 우정동아리의 어린이 수가 사랑동아리의 어린이 수에 비해 너무 크기 때문이에요. 마찬가지로 뜨거운 물체의 부피가 차가운 물체의 부피에 비해 너무 작으면 두 물체를 섞었을 때 차가운 물체의 온도는 별로 올라가지 않는 거죠.

제 3장

핵심정리

- 열은 온도가 높은 물체에서 낮은 물체로 이동하는 에너지로, 두 물체의 온도가 같아지면 더 이상 열은 이동하지 않는다.

- 열평형은 찬물과 더운물이 섞여 같은 온도가 되었을 때를 말한다.

- 같은 부피의 찬물과 더운물을 섞으면 물의 온도는 섞기 전 두 물의 온도의 평균이 된다.

목욕물 받아놨겠지.
네, 주인님.

물이 너무 차잖아.
더운물 더 가져와.
네, 주인님.

그렇게 작은
부피의 더운 물로
어떻게 차가운
목욕물의 온도가
올라가겠어?

멍청하긴,
당장 잘라버리든지
해야지.

으악!!!

제4장

체온계는 왜 작게 만드나요?

교과 연계

초등 3-2 | 4단원: 물질의 세 가지 상태
초등 5-1 | 2단원: 온도와 열
중등 1 | 6단원: 분자의 운동

학습 목표

물체의 온도가 부피와 어떤 관계가 있는지 알아본다. 체온계를 작게 만드는 이유와 전선을 팽팽하지 않게 매다는 이유에 대해서도 배워본다.

원희 선생님, 체온계는 어떤 원리로 온도를 재나요?

빈 사람은 몸의 온도(체온)가 항상 일정하게 유지되는 성질이 있지만 병이 나면 체온이 올라가기도 해요. 그래서 몸에 열이 나면 몸의 온도를 재보는데 그때 체온계를 사용해요.

그렇다면 체온계의 원리는 무엇일까요? 체온계에는 주로 수은을 사용하고 있어요. 물질은 열을 받으면 온도가 올라간다고 했지요? 체온계를 몸에 대면 사람 몸의 온도가 체온계보다 높으므로 사람의 몸에서 체온계로 열이 흐릅니다. 그런데 모든 물질은 열을 받으면 온도가 올라감과 동시에 부피가 늘어나는 성질이 있어요. 이것을 열팽창이라고 불러요.

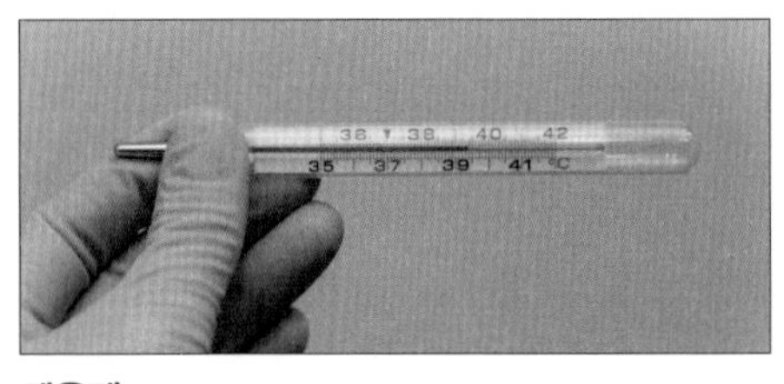

체온계

우리가 집에서 사용하는 온도계도 수은의 열팽창 성질을 이용하는 거예요. 그래서 온도가 높으면 수은의 부피가 커져 눈금이 올라가고 온도가 내려가면 수은의 부피가 줄어들어 눈금이 내려가요.

원희 왜 온도계는 물이 아니라 수은을 사용할까요?

빈 수은의 어는점이 낮기 때문이에요. 어는점이란 얼기 시작하는 온도를 말해요. 수은은 영하 39도에서 얼어요. 그러니까 영하 39도의 온도까지 잴 수 있지요. 하지만 그보다 더 내려가면 수은이 얼어붙어 더 이상 부피가 줄어들지 않기 때문에 온도를 잴 수 없어요. 물은 수은보다 어는점이 훨씬 높아요. 물은 0도에서 어니까요. 그러므로 물을 채워 온도계를 만들면 영하의 온도를 잴 수 없어요. 그래서 온도계에서는 물을 사용할 수 없어요.

원희 체온계는 왜 조그맣게 만드는 거죠?

빈 사람의 몸에서 체온계로 열이 흘러들어 가면 체온계 안에 있는 수은의 부피가 늘어납니다. 그런데 수은의 부피가 작다면 열에 의해 부피가 늘어난 정도가 눈에 보일 정도로 커져서 눈금 위로 수은이 올라가지만 만일 수은의 부피가 크다면 부피가 늘어난 정도가 작아서 수은이 얼마나 많이 올라갔는지를 측정하기가 어려워집니다. 그래서 체온계는 작게 만들고 가느다란 관에 수은을 채워 주로 높은 방향으로 수은의 부피가 늘어나도록 만들어요.

지금 열의 이동이 물질의 부피와 관계 있다는 애기를 했는데 이와 비슷한 예는 더 있어요.

조그만 컵에 차가운 물을 약간 붓고 그 위에 뜨거운 물을 부으면 금방 미지근해지지만 같은 양의 뜨거운 물을 아주 커다란 수영장에 담긴 같은 온도의 차가운 물에 부으면 그리 미지근해지지 않습니다. 그 이유는 뭘까요? 그것은 바로 부피 때문입니다. 두 경우 모두 뜨거운 물에서 차가운 물로 열이 이동합니다. 그런데 작은 컵에 담긴 찬물의 경우는 찬물을 이루는 분자의 수가 수영장에 있는 찬물의 분자의 수보다 훨씬 작습니다. 그러므로 열을 받았을 때 각각의 분자가 받는 평균적인 열에너지가 더 크지요. 따라서 분자의 평균 운동에너지가 커지므로 온도가 크게 변하는 것입니다.

원희 온도가 올라가면 물체의 부피가 커지고 온도가 내려가면 물체의 부피가 작아지는 예를 들어 주세요.

빈 두 개의 컵이 꽉 끼어 빠지지 않을 때가 있지요? 이때 안쪽 컵에는 차가운 물을 붓고 바깥쪽 컵을 뜨거운 물에 담그면 컵이 빠져요. 그 이유는 뭘까요? 뜨거운 물로부터 열을 받은 바깥쪽 컵은 온도가 올라가 부피가 늘어나게 돼요. 하지만 안쪽 컵은 차가운 물을 담았으므로 컵에서 물로 열이 이동하여 안쪽 컵의 온도는 내려가므로 부피가 줄어들지요. 이에 따라 두 컵 사이에 틈이 생겨 컵이 쉽게 빠지는 것이랍니다.

또 다른 예로 전신주와 전신주 사이에 걸쳐 있는 전선을 들 수 있어요. 전선은 전기가 잘 통하는 구리선을 이용하는데 전선이 축 늘어져 있어요. 왜 전선을 팽팽하게 매달지 않을까요? 이것 역시 열팽창과 관계가 있어요. 전선의 길이가 여름과 겨울에 달라지기 때문에 만일 여름에 전선을 팽팽하게 매달면 겨울에 온도가 내려가 전선의 길이가 줄어들면서 전선이 끊어질 수 있기 때문이에요. 그래서 겨울에 전선의 길이가 줄어들 것을 생각하여 일부러 느슨하게 매달아 놓는 것이에요.

전선이 매달려 있는 모습

제 4장 핵심정리

- 물체는 온도가 높아지면 부피가 커지고 온도가 낮아지면 부피가 줄어든다.

- 온도계와 체온계에서 물이 아닌 수은을 사용하는 이유는 어는점이 낮아 39도에서 얼기 때문에 영하의 온도도 잴 수 있기 때문이다.

- 전신주 사이에 전선을 팽팽하지 않게 매다는 이유는 겨울이 되어 온도가 내려가면 전선이 수축하면서 끊어질 수 있기 때문이다.

그 상자에 든 것이
무엇인가?

황금으로 된 신발입니다.
신이 왕에게 바치는
작은 선물입니다.

오! 정말 마음에
드는 선물이구나.

이게 왜
안 벗겨지는
거야?

열팽창 때문입니다. 모든
물체는 온도가 높으면 부피가
커지고 온도가 낮아지면 부피
가 줄어드는 성질이 있습니다.

얼음은 어떻게 물로 변하나요?

교과 연계

초등 4-2 | 2단원: 물의 상태와 변화
중등 1 | 6단원: 분자의 운동
중등 1 | 5단원: 상태 변화와 열에너지

학습 목표

온도가 올라감에 따라 물체가 어떻게 변하는지 알아본다. 물의 세 가지 상태에 대해 살펴보고 고체에서 액체를 거치지 않고 바로 기체로 변하는 물질에는 어떤 것이 있는지 배워본다.

원희 빈 선생님, 고체, 액체, 기체의 차이는 무엇인지 설명해 주세요.

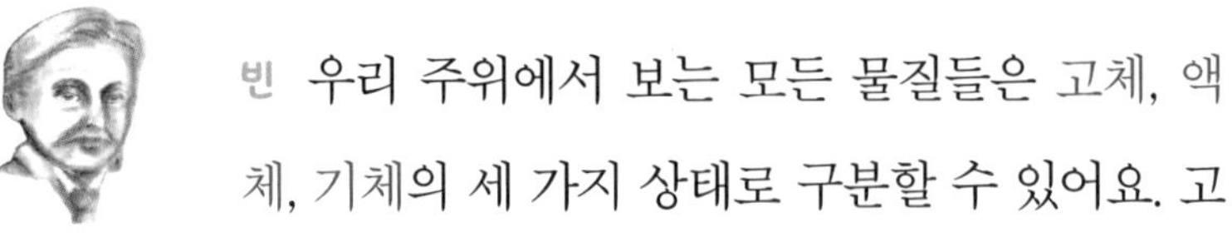

빈 우리 주위에서 보는 모든 물질들은 고체, 액체, 기체의 세 가지 상태로 구분할 수 있어요. 고체는 얼음이나 나무토막, 돌멩이처럼 모양과 부피가 일정한 것을 말해요. 돌멩이는 어떤 그릇에 담아도 모양이나 부피가 달라지지 않으니까요. 액체는 물이나 우유, 콜라처럼 담는 그릇에 따라 모양은 달라지지만 부피는 일정한 것을 말하지요. 병 속에 있는 콜라를 컵에 부으면 담긴 모양은 달라지지만 콜라의 부피는 달라지지 않습니다.

기체는 공기처럼 모양과 부피가 모두 일정하지 않아요. 그리고 대부분의 기체는 우리 눈에 보이지 않아요. 동그란 풍선에 공기를 불어넣어 보세요. 그럼 풍선의 모양은 동그란 공 모양이 돼요. 하지만 기다란 풍선에 공기를 불어 넣으면 기다란 소시지 모양이 되잖아요? 이렇게 공기와 같은 기체는 물체에 따라 모양이 달라집니다.

원희 기체는 왜 부피가 일정하지 않죠?

빈 동그란 풍선에 공기를 조그만 불어 놓고 그 풍선을 불에 가까이 대면 부풀어 오릅니다. 이는 풍선 안에 있는 공기의 부피가 달라졌음을 의미해요. 물론 이것은 풍선 안 공기의 온도가 올라갔기 때문이랍니다. 이렇

게 온도에 따라 기체의 부피는 달라집니다.

원희 같은 물질이라도 고체, 액체, 기체 상태가 될 수 있나요?

빈 물론입니다. 물을 예로 들어 설명해 보죠. 물이 고체 상태일 때는 단단한 얼음이 돼요. 그리

고 우리가 흔히 말하는 흐르는 물은 액체 상태의 물을 말해요. 또한 물은 기체 상태의 수증기로 바뀔 수 있어요. 수증기는 우리 눈에 보이지 않는 기체랍니다.

원희 빈 선생님, 그런데 물질은 어떻게 세 가지 상태를 가지게 되는 건지 설명해 주세요.

빈 모든 물질은 분자라고 부르는 작은 알갱이로 이루어져 있는데 그 배열이 달라지기 때문에 물질은 세 가지 상태로 나타나는 것입니다.

예를 들어 고체 상태의 물질 속의 분자들은 제자리에서 가벼운 진동만을 하기 때문에 일정한 모양을 유지해요. 하지만 액체 상태의 물질 속 분자들은 물질 속에서 좀 더 멀리까지 움직일 수 있으므로 흐르는 성질이 있어요.

마지막으로 기체 상태속의 분자들은 액체 속의 분자들보다 더 활발하게 더 먼 곳까지 움직일 수 있습니다. 그래서 기체는 일정한 모양도 만들지 못하고 부피도 일정하지 않은 거죠.

원희 또 궁금한 게 있어요. 물질의 상태를 변하게 하는 원인은 무엇인가요?

빈 그것은 바로 열이에요. 일반적으로 물질은 열을 받으면 고체에서 액체로 변하고 더 많은 열을 받으면 기체로 변해요. 예를 들어 얼음을 불로 가열하면 얼음이 녹아 물이 되지요? 이것이 바로 고체가 액체로 바뀌는 과정으로, 고체가 액체로 변하는 것을 융해라고 한답니다. 그런데 작은 얼음은 물로 변하는 데 적은 열이 필요하지만 부피가 큰 얼음 덩어리가 물로 변할 때는 더 많은 열이 필요해요.

원희 모든 물질이 고체에서 액체로 변하는 데 같은 양의 열이 필요하나요?

빈 그건 아니에요. 같은 부피의 물질로 조사했을 때 물질마다 고체에서 액체로 변하는 데 필요로 하는 열의 양이 달라요. 물의 경우 얼음 1그램을 물로 변하게

하는 데 80칼로리의 열이 필요해요. 이 열은 얼음의 융해에 사용되므로 융해열이라고 부릅니다.

얼음은 0도에서 물로 변해요. 그러므로 온도가 0도일 때는 물과 얼음이 섞여 있는 상태가 돼요. 그럼 0도에서 모든 얼음이 물로 바뀌면 어떻게 될까요? 그 다음에도 물은 열을 받으면 점점 온도가 올라가요.

원희 선생님, 그러면 한없이 물의 온도가 올라가나요?

빈 그렇지는 않아요. 물의 온도가 100도가 되면 물이 기체인 수증기로 바뀌기 시작하니까요. 물론 물을 기체인 수증기로 바꾸는 데도 열이 필요해요. 물 1그램을 기체인 수증기로 바꾸는 데는 540칼로리의 열이 필요해요. 이 열은 기화 과정에서 사용되므로 기화열이라고 불러요. 이렇게 액체인 물이 기체인 수증기로 바뀌는 것을 기화라고 한답니다.

기화에는 보통 두 종류가 있어요. 하나는 증발이고 다른 하나는 끓음이라고 불러요. 증발은 액체의 표면에서만 기화가 일어나는 것을 말하는데 여름에 물컵을 밖에 놔두면 얼마 후 물컵의 물이 줄어든 것을 확인할 수 있을 거예요. 이것은 표면의 물이 기화를 통해 기체인 수증기로 기화되었기 때문이지요. 또한 물을 냄비에 담고 끓이면 물속에 기포가 만들어지는 것을 볼 수 있는데 이 기포는 바로 물방울이 물속에서 기화되어 수증기로 변한 것이에요.

이렇게 액체의 표면뿐만 아니라 내부에서도 기화가 일어나는 것을 끓음이라고 부릅니다.

원희 융해와 기화의 예를 들어 주세요.

빈 양초를 태우면 양초가 녹아내리지요? 이것은 고체 상태의 양초가 액체 상태로 바뀌는 융해 과정입니다. 또한 아이스크림이 녹아 흘러내리는 것도 융해 과정의 한 예에요. 그럼 기화의 예는 뭘까요?

물을 끓이면 물의 양이 점점 줄어들지요? 그것은 물이 열을 받아 기화되어 기체인 수증기가 만들어지기 때문이에요. 이때 모락모락 피어오르는 김을 수증기라고 생각하는 사람이 있는데 그건 아니에요. 수증기는 눈에 안 보이는 기체이고 김은 뜨거워진 작은 물방울들이 공기 중에 둥둥 떠다니는 것을 말하니까요.

원희 거꾸로 기체 상태의 물질이 액체 상태의 물질로, 액체 상태의 물질이 고체 상태의 물질로 변할 수 있나요?

빈 물론이지요. 기체 상태의 물질이 열을 잃으면 액체 상태의 물질로 바뀌게 돼요. 예를 들어 수증기가 열을 잃어 온도가 내려가면 물로 바뀌니까요. 이렇게 기체 상태의 물질이 액체 상태의 물질로 바뀌는 과정을 액화라고 불러요. 마찬가지로 액체 상태의 물질이 열을 잃어 온도가 내려가면 고체 상태의 물질로 바뀌는데 그것을 응고라고 해요. 물이 열을 잃어 온도가 내려가 얼음이 되는 것이 응고의 좋은 예랍니다.

원희 응고와 액화의 예를 들어 주세요.

빈 겨울철에 처마 밑에 고드름이 생기는 것은 물이 얼음으로 변하는 응고의 예에요. 또한 공기 중의 수증기가 새벽에 온도가 내려가면 열을 빼앗겨 물방울로 변해 풀잎 위의 이슬로 변하는 것은 액화의 예입니다.

원희 고체에서 액체를 거치지 않고 바로 기체로 변하는 물질도 있나요?

빈 이렇게 액체를 거치지 않고 고체에서 기체로 또는 기체에서 고체로 곧바로 변하는 것을 승화라고 합니다. 승화를 통해 물질의 상태가 변하는 물질로는 드라이아이스와 요오드를 들 수 있습니다.

가수들이 공연할 때 무대에서 안개처럼 뿌연 기체가 뿜어 나오는 장면을 본 적이 있을 거예요. 이것은 바로 드라이아이스의 승화를 이용한 것입니다. 드라이아이스는 고체 상태의 이산화탄소인데, 온도가 올라가면 기체인 이산화탄소로 바뀌게 돼요. 사실 여러분의 눈에 보이는 안개는 이산화

탄소가 아니에요. 이산화탄소는 눈에 보이지 않는 기체이니까요.

원희 그렇다면 안개의 정체는 뭐죠?

빈 드라이아이스는 영하 78.5도 이상이 되면 이산화탄소 기체로 바뀝니다. 그런데 공기 중에 드라이아이스를 놓아두면 드라이아이스 주위의 공기가 차가워져 공기 속의 수증기가 액화되어 물방울이 되면서 안개를 만드는 것이에요. 이것이 바로 여러분이 무대에서 보는 안개랍니다.

제 5 장

핵심정리

- 고체는 온도가 올라가면 액체로 바뀌고 온도가 더 올라가면 기체로 바뀐다.

- 액체인 물이 기체인 수증기로 바뀌는 것을 기화라고 한다.

- 고체에서 액체를 거치지 않고 기체로 바뀌는 물질로는 요드와 드라이아이스를 들 수 있는데 이러한 과정을 승화라고 부른다.

아직 물기가
있는데 괜찮겠어?
괜찮아. 저절로
마르겠지.

이상한데 따뜻한 물이
내 몸에 묻어 있는데
왜 추워지는 거지?

물이 수증기가 되면서
네 몸의 열을 빼앗기
때문에 추운 거야.
아! 그렇구나.

제6장

뜨거운 것을 만지면 손이 뜨거운 이유는 무엇인가요?

교과 연계

초등 5-1 | 2단원: 온도와 열
중등 2 | 8단원: 열과 우리 생활
중등 1 | 5단원: 상태 변화와 열에너지

학습 목표

열의 전도란 무엇인지 알아본다. 금속과 비금속 중 어느 것이 열의 전도가 빠른지 살펴보고 이를 확실히 익혀둔다.

원희 햇볕이 강한 한 여름에 자동차에 손을 대면 손이 뜨거운 이유는 무엇이죠?

빈 뜨거운 자동차의 열이 손으로 전달되기 때문이에요. 열의 이동 방법에는 세 가지가 있어요. 첫 번째는 열의 전도이고, 두 번째는 열의 대류 그리고 마지막은 열의 복사입니다. 이 문제는 열의 전도와 관계가 있으므로 먼저 열의 전도에 대해 이야기해 보죠.

열의 전도는 열이 고체 물질을 통해 이동하는 방법입니다. 우리가 뜨거운 라면에 꽂아둔 쇠젓가락의 끝을 만지면 따스함을 느끼죠? 이것은 라면의 열이 쇠젓가락을 통해 여러분의 손끝으로 이동했기 때문입니다. 이렇게 쇠젓가락과 같은 고체 물질을 통해 열이 이동하는 것을 열의 전도라고 부릅니다.

원희 그러면 열의 전도는 어떻게 일어나죠?

빈 모든 물질은 분자라는 작은 알갱이로 이루어져 있다고 했죠? 그런데 고체는 분자들이 서로 붙어 있어요. 그러므로 고체인 쇠젓가락의 한쪽 끝에 열을 가하면 그곳의 분자들이 먼저 열을 받아요. 그러면 그 분자는 온도가 올라가겠지요? 이렇게 온도가 올라간 분자는 옆에 붙어 있는 분자들에게 열을 전달하고 다시 열을 받은 분자는 그 옆의 분자에게 차례로 열을 전달하여 젓가락의 반대쪽 끝에도 열이 전해지는 겁니다.

원희 왜 나무젓가락을 꽂아두면 뜨겁다는 것을 못 느끼죠?

빈 쇠와 나무가 열을 전달하는 속도가 다르기 때문이에요. 쇠와 같은 금속은 열을 아주 빠르게 전달하는 성질을 가지고 있지만 나무나 유리와 같은 물질은 열을 느리게 전달하는 성질이 있어요. 그러므로 끓는 물에 꽂아둔 나무젓가락을 만져도 손이 뜨겁지 않은 건 나무를 통해서 열이 느리게 전달되기 때문이에요. 그래서 한여름에 사람들이 많이 앉아 쉬는 벤치는 쇠붙이가 아닌 나무로 만드는 거예요. 만일 쇠붙이로 만들면 열이 너무 빠르게 엉덩이에 전달되어 아주 뜨거울 테니까요.

원희 열의 전도는 어디에서 볼 수 있나요?

빈 우리는 쇠붙이로 만든 프라이팬에 고기를 구워요. 그러면 열의 전도가 잘 일어나기 때문이지요. 이렇게 쇠붙이로 된 프라이팬에 열을 가하면 프라이팬을 통해 열이 빠르게 전달되면서 그 위에 올려놓은 고기에 열이 전달되지요.

프라이팬

그것이 바로 프라이팬에 고기를 굽는 원리예요.

그런데 요리를 하는 사람이 뜨거운 프라이팬을 손으로 잡으면 프라이팬의 열이 사람의 손에 전달되어 화상을 입게 되므로 프라이팬의 손잡이는 주로 열의 전도가 느린 나무로 만든답니다.

이번에는 여름철에 길가에 놓아둔 자동차를 떠올려 볼까요? 여름철 태양 아래 놓인 자동차는 금세 뜨거워지는데 이것은 자동차가 금속으로 이루어져 있기 때문이에요. 즉, 더운 여름 자동차는 뜨거운 태양으로부터 열을 받아 온도가 높아지므로 이런 자동차에 손을 대면 그 열이 우리의 손에 전달되어 화상을 입을 수도 있어요.

원희 열의 전도가 잘 일어나지 않으려면 어떻게 해야 할까요?

빈 그것은 간단해요. 열의 전도가 잘 일어나지 않는 물체를 설치하면 됩니다. 겨울에 속옷을 껴입으면 따뜻하죠? 겨울에는 우리 몸에서 밖으로 열이 빠져나가므로 우리 몸의 온도가 낮아지는데 그것을 막기 위해 옷을 입어요. 이때 속옷을 껴입으면 속옷과 겉옷 사이에 공기가 생깁니다.

공기는 고체 상태의 물질이 아니기 때문에 열의 전도가 잘 일어나지 않습니다. 그러므로 우리 몸의 열이 밖으로 빠르게

빠져 나가는 것을 막아 주어 우리 몸의 온도가 덜 낮아지는 것입니다.

이와 같은 원리로는 겨울에 이중창을 설치하는 것이 있습니다. 이중창도 창과 창 사이의 공기가 열의 전도를 어렵게 만들기 때문에 방 안의 열이 밖으로 나가는 것을 막아 줘요.

열의 전도가 전혀 일어나지 않게 하려면 어떻게 해야 할까요? 그것은 바로 진공을 이용하는 것입니다. 이것이 바로 보온병의 원리인데 보온병은 두 개의 통으로 되어 있고 두 통 사이는 진공이기 때문에 열의 이동이 일어나지 않습니다. 그러므로 보온병 안의 온도가 그대로 유지되는 것이랍니다.

보온병

제6장 핵심정리

- 고체 물질을 통해 열이 뜨거운 곳으로부터 차가운 곳으로 전달되는 것을 열의 전도라고 한다.

- 금속은 열을 전달하는 속도가 빠르기 때문에 나무와 같은 비금속보다 열의 전도가 빠르게 일어난다.

철판을 발견한 원시인

너무 뜨거워서 결국
철판을 버리는 원시인.

제7장

냄비의 물이 골고루 뜨거워지는 이유는 뭐죠?

교과 연계

중등 2 | 8단원: 열과 우리 생활

학습 목표

대류가 무엇인지 알아보고 언제 일어나는지도 살펴본다. 실생활의 예를 통해서 대류가 어떻게 발생하는지에 대해서도 배워본다.

원희 액체나 기체를 통해 열이 전달될 수도 있나요?

빈 우리는 열의 이동 방법이 세 가지가 있다고 했습니다. 냄비 물이 골고루 뜨거워지는 것은 바로 열의 대류라는 이동 방법 때문입니다. 대류는 액체나 기체 상태의 물질에서 열이 전달되는 방식입니다. 액체나 기체 상태의 물질도 분자로 이루어져 있지만 고체 상태의 물질과는 다른 점이 있습니다. 액체나 기체 상태의 물질은 분자들 사이의 거리가 고체 상태의 물질보다 길지요. 그러므로 액체나 고체 상태의 물질에서는 분자들이 고체처럼 촘촘히 배열되어 있지 않으므로 열을 받은 분자가 옆의 분자에게 열을 바로 전달할 수 없어요.

그렇다면 액체와 기체에서는 어떻게 열이 전달될까요? 바로 대류를 통해 열이 이동해요. 냄비에 물을 담아 끓여 볼까요? 냄비 바닥의 물은 바닥으로부터 열을 가장 빨리 받으므로 제일 먼저 뜨거워집니다. 열을 받으면 온도가 올라간 물방울은 부피가 커집니다. 부피가 커지는데 질량은 그대로이

므로 위에 있는 차가운 물방울보다 밀도가 작은 이 물방울은 위로 뜨게 돼요. 밀도가 작은 물체는 밀도가 큰 물체 위로 뜨는 성질이 있으니까요.

냄비 바닥의 뜨거워진 물방울이 위로 올라가면서 위에 있는 차가운 물방울과 충돌하면서 열을 전달해 위쪽에 있는 물방울들의 온도도 올라가게 됩니다. 그리고 열을 빼앗긴 물방울은 다시 바닥으로 내려와 뜨거운 냄비의 열을 받아 다시 위로 올라갑니다. 이러한 과정이 계속 반복되어 물 전체가 뜨거워집니다. 이것이 바로 대류의 과정입니다.

스팀을 켰을 때 방이 따뜻해지는 것도 같은 원리가 적용하는 것이에요. 이때는 물이 아니라 공기들이 대류를 일으키는 것이지만요. 스팀 주위의 공기는 뜨거워지면서 밀도가 작아져서 위로 올라갑니다. 결국 위쪽에 있는 차가운 공기와 충돌하여 열을 전달하는 대류에 의해 위아래 쪽의 공기가 모두 따뜻해지면서 방 전체가 따뜻해지는 것이에요.

원희 차가운 물 위에 더운물을 넣으면 대류가 일어날까요?

빈 대류가 일어나지 않습니다. 대류가 일어나려면 아래쪽이 뜨거워야 합니다. 즉, 더운물 위에 찬물을 부으면 더운물에 가까운 찬물이 열을 받아 밀도가 작

아져 위로 올라가면서 위쪽의 찬물에 열을 전해줘 찬물 전체가 골고루 데워지는 대류가 일어납니다.
하지만 반대로 찬물에 더운물을 부으면 더운물에 가까운 찬물의 온도가 올라도 아래로 내려가지 않기 때문에 대류가 일어나지 않아 찬물의 아래쪽은 그대로 차가운 상태가 유지됩니다.

- 액체나 기체를 통해 열이 전달되는 현상을 대류라고 한다.

- 스팀을 켰을 때 방이 따뜻해지는 원리도 대류에 해당한다.

- 대류가 일어나기 위해서는 반드시 아래쪽이 위쪽보다 뜨거워야 한다.

와! 좋긴 한데
너무 덥다.
얼음물 한 잔
마셨으면
좋겠네.

그래, 그거야!

얼음물 팔아요.

아, 얼음이
다 녹고 있잖아.
어떻게 된 거지?

노천탕에서 나온
열이 대류를 일으켜
주위를 따뜻하게 하므
로 얼음의 온도가 올라
가 녹는 거야.

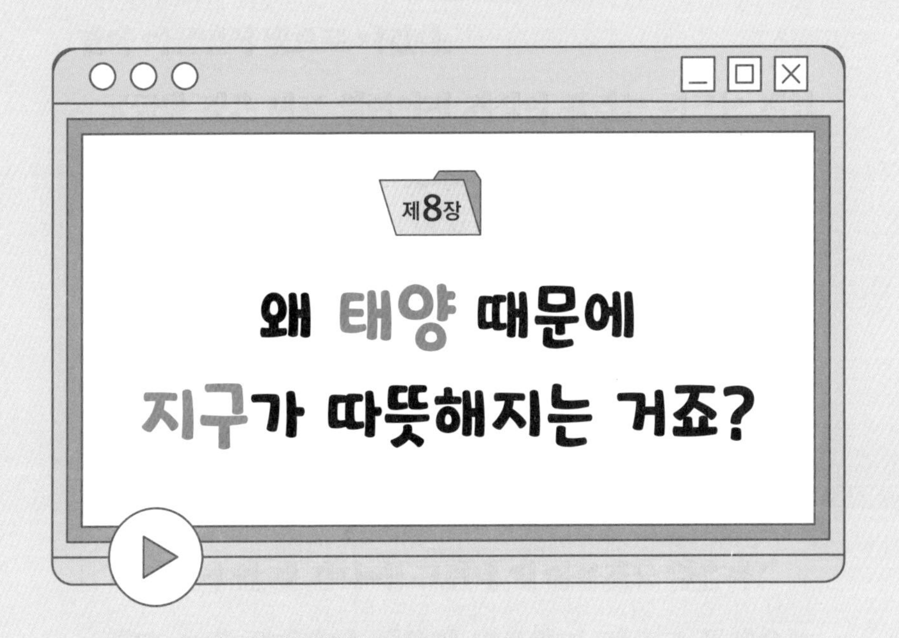

교과 연계

중등 2 | 8단원: 열과 우리 생활
중등 1 | 6단원: 분자의 운동

학습 목표

열의 복사가 무엇인지 알아보고 지구가 기온을 유지할 수 있는 이유에 대해서도 살펴본다. 가열된 물체에서는 어떤 색깔의 빛이 나오는지와 각 색깔의 온도와 이들을 무엇이라 하는지도 배운다.

원희 태양과 지구 사이에는 아무것도 없는데 왜 태양 때문에 지구가 따뜻해지는 거죠?

빈 태양처럼 스스로 빛과 열을 내는 천체를 항성이라고 하고 지구나 화성처럼 그 주위를 도는 천체를 행성이라고 합니다. 그리고 지구는 태양 주위를 도는 세 번째 행성이에요. 그런데 태양과 지구 사이에는 물질이 없어요. 그럼에도 왜 태양의 열이 지구로 전달될까요? 이것은 열의 세 번째 이동 방법인 복사 때문입니다.

우리는 열이 에너지라는 것을 알고 있어요. 그런데 태양으로부터 오는 열은 빛을 통해서 전달됩니다. 태양처럼 뜨거운 물체는 빛을 내는데 바로 그 빛을 통해 에너지가 지구에 전달되는 것이 바로 열의 복사랍니다.

원희 태양을 제외한 열의 복사의 예를 들어 주세요.

빈 아주 추운 날 성냥을 켜면 성냥에서 빛이 나오면서 주위가 환해지고 동시에 따뜻해지지요.

이것은 성냥의 열이 복사에 의해 주위로 이동했기 때문이에요. 바로 성냥에서 나오는 빛을 통해서 이동한 거죠.

태양이 빛을 통해 지구에 열을 전달하는 것을 간단하게 실험해 볼 수 있어요.

우선 뚜껑이 막혀 있는 같은 크기의 병 두 개를 준비해요. 하나의 병은 검은 천으로 에워싸고 다른 하나의 병은 반짝거리는 거울로 에워싸 보죠. 두 병은 똑같은 온도와 높이의 물이 들어 있으며 온도계가 꽂혀 있어요. 이 두 개의 병을 햇빛이 잘 비치는 마당에 놓아둡시다. 시간이 조금 흐른 후 온도계의 눈금은 어떻게 변해 있을까요?

검은 천으로 에워싼 병 속의 물의 온도가 더 높아요. 그 이유는 간단해요. 검은 천은 태양에서 오는 빛을 잘 흡수하는 성질이 있기 때문에 검은 천으로 에워싼 병 속의 물은 빛이 공급한 열에너지를 받아 온도가 올라갔을 거예요. 하지만 거울로 에워싼 병에서는 거울이 태양에서 오는 빛을 반사시키기 때문에 빛이 병 속의 물에 열에너지를 전달하기가 힘들어요. 그래서 물의 온도가 올라가지 않는 것입니다.

원희 가열된 물체에서 나오는 빛의 색깔은 물체에 따라 다른가요?

빈 가열된 물체에서는 그 물체의 온도에 해당하는 빛이 나와요. 온도가 낮은 물체는 붉은색의 빛을 내고 온도가 높아질수록 노랑, 파랑, 보라로 변하다가 더 높아지면 빨강부터 보라까지의 모든 빛이 합쳐져 흰빛을 내요. 이렇게 가열된 물체에서 나오는 빛을 열복사선이라고 하는데 이 빛과 충돌한 물체가 빛이 가진 에너지를 받아 열에너지로 바꾸기 때문에 빛을 받은 물체는 온도가 올라가요. 이것이 바로 복사를 통한 열의 이동입니다.

원희 가열된 물체에서 눈에 보이는 빛이 나오지 않을 수도 있나요?

빈 맞아요. 모든 가열된 물체에서는 빛이 나와요. 그런데 온도가 너무 낮거나 너무 높으면 우리 눈에 보이지 않는 빛이 나오거든요.

일반적으로 빛은 빨강에서 보라로 갈수록 에너지가 커지는데 빨강보다 에너지가 낮거나 보라보다 에너지가 높은 빛은 우리 눈에 보이지 않아요. 빨강보다 에너지가 낮은 빛을 적외선, 보라보다 에너지가 높은 빛을 자외선이라고 해요. 그러니까 가열된 물체의 온도가 너무 낮으면 우리 눈에 보이지 않은 적외선이 나오고, 가열된 물체의 온도가 너무 높으면 자외선이 나오게 돼요. 우리는 사람이 많으면 방 안이 더워진다는 것을 느끼죠? 사람의 몸의 온도는 36도예요. 그러므로 사람도 가열되어 있는 물체로 볼 수 있으니 사람으로부터도 빛이 나와요. 하지만 사람의 온도가 너무 낮아 눈에 보이지 않는 적외선이 나옵니다. 이렇게 사람들이 방출하는 적외선을 받아 피부 온도가 올라가게 되어 우리는 더위를 느끼는 것이지요.

제 8장

핵심정리

- 어떤 물질의 도움도 없이 가열된 물체에서 나오는 빛 에너지를 통해 열을 전달하는 것을 열의 복사라고 한다.

- 물체를 가열할 때 나오는 색깔로 미루어보아 온도를 짐작할 수 있다.

- 지구가 따뜻한 것은 태양의 열이 복사를 통해 지구로 전달되기 때문이다.

야호! 바다다.

선크림을 발라야지.

자외선을 막아야 하니까
두텁게 발라. 나 잠시
화장실 다녀올게.

다 발랐으면 빨리 와.
그래, 금방 간다.

선크림을 제대로 발라야지.
코에만 안 발라서 완전
루돌프 사슴코가 됐잖아.

교과 연계

초등 3-2 | 4단원: 물질의 세 가지 상태
중등 1 | 5단원: 상태 변화와 열에너지

학습 목표

빈이 철물에서 나온 온도와 철물에서 나오는 빛의 색깔과 관계를 밝혀내는 과정을 살펴본다. 빈의 열복사 법칙과 그 공식이 어떻게 나오는지에 대해서도 알아본다.

원희 빈 선생님, 열복사 법칙이 무엇인지 자세히 설명해 주세요.

빈 열복사 법칙은 가열된 물체의 온도와 가열된 물체에서 나오는 빛의 색깔의 관계를 다루는 법칙이에요.

나는 4년 동안 독일 국립물리공업연구소에서 가열된 철물의 온도에 대해 연구했어요. 그때 가열된 철물의 온도에 따라 철물의 색깔이 달라진다는 것을 발견했지요.

철물의 온도가 낮을 때는 붉은색을 띠다가 온도가 점점 올라가면 노랑, 파랑, 보라색을 띱니다. 온도가 더욱 올라가면 모든 색깔의 빛이 합쳐져 흰빛을 낸다는 것도 알게 되었어요. 그것을 보고 아하! 가열된 철물의 온도와 빛의 색깔에 어떤 관계가 있다는 생각이 떠올랐지요.

그래서 이 연구를 나의 첫 번째 연구로 삼았어요.

그런데 물리학에서 법칙을 만들기 위해서는 어떤 숫자를 가진 양이 필요해요. 온도는 숫자로 나타낼 수 있지만 색깔은 어떻게 색깔로 나타낼까요? 나는 여러 책을 뒤적거렸어요. 그러고는 빛은 파동이며 빛의 색깔은 빛의 파장과 관련이 있다는 것을 알아냈지요.

원희 파동은 또 뭐예요?

빈 파동은 어느 한 지점에서의 오르락내리락 하는 진동이 옆으로 퍼지는 현상이에요. 예를 들어 벽에 줄을 매달고 흔들면 줄의 각 지점이 오르락내리락 거리는 진동이 옆으로 전해지면서 아름다운 파동을 만들지요.

이때 파동의 가장 높은 지점을 마루라고 하고 가장 낮은 지점을 골이라고 해요. 또 마루와 마루 사이 또는 골과 골 사이의 거리를 파동의 파장이라고 불러요. 그런데 줄을 더 세게 흔들면 마루와 마루 사이의 거리가 짧아져요. 즉, 파장이 짧아지지요.

줄을 세게 흔들었다는 것은 줄에 큰 에너지를 가했다는 뜻이에요. 이 에너지는 바로 줄에 생긴 파동의 에너지가 돼요. 그것을 보고 파동의 에너지는 파장이 짧을수록 커지는 것을 깨달았어요.

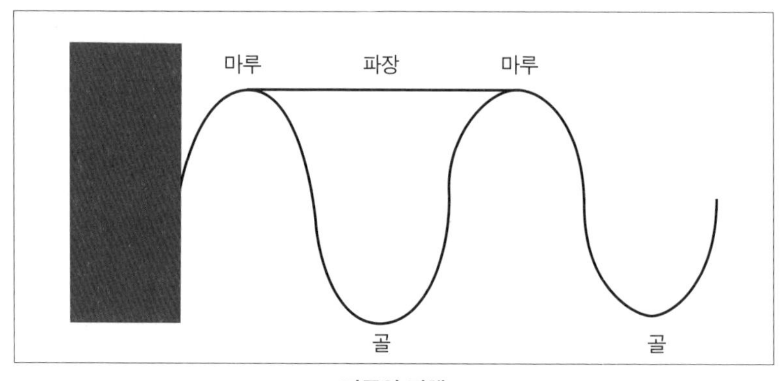

파동의 진행

나는 빛의 파장과 색깔에 관한 연구를 한 책을 조사했어요. 이미 호이겐스나 영과 같은 물리학자들이 이것에 대해 많은 연구를 해 빛의 파장은 붉은색에서 보라색으로 갈수록 점점 짧아진다는 것을 알아냈어요. 빨간빛의 파장은 760나노미터 정도이고 보랏빛의 파장은 380나노미터 정도예요. 나노미터는 아주 작은 길이를 나타내는 단위로 1미터를 10억 등분했을 때 한 조각의 길이에요. 이렇게 빛의 파장은 아주 짧으며 우리가 눈으로 볼 수 있는 빛은 파장이 380나노미터에서 760나노미터의 범위에 있는 빛이에요.

물론 우리가 눈으로 볼 수 없는 빛도 있어요. 파장이 380나노미터보다 짧거나 760나노미터보다 길면 눈에 보이지 않는데 380나노미터보다 짧은 파장을 가진 빛은 보라색 바깥의 빛이라는 뜻에서 자외선이라고 불러요. 또한 380나노미터보다 짧은 파장을 가진 빛은 빨간색 바깥에 있다는 뜻에서 적외선이라고 부르지요.

이 자료 덕분에 나의 연구는 박차를 가하게 되었어요. 그러니까 나의 관찰 결과를 정리하면 다음과 같습니다.

- 가열된 물체의 온도가 높을수록 물체에서 나오는 빛의 파장은 짧다.

이것이 내가 발견한 열복사 법칙이에요.

자, 이렇게 두 개의 양이 있는데 하나의 양이 커지면 다른 양이 작아질 때 두 개의 양 사이에는 반비례의 관계가 있다고 하지요? 예를 들어 만두가 12개 있는데 만두를 먹는 사람의 수가 2명이면 각각 한 사람이 먹는 만두의 수는 6개지만 3명이 되면 한 사람이 먹는 만두의 수는 4개로 줄어들지요? 이때 만두를 먹는 사람의 수와 한 사람이 먹는 만두의 개수는 반비례해요. 그런데 만두를 먹는 사람의 수와 한 사람이 먹는 만두의 수의 곱은 전체 만두의 수로 일정하잖아요?

그러니까 나의 열복사 법칙을 식으로 쓰면 다음과 같아요.

(가열된 물체의 온도)×(나오는 빛의 파장)=(일정한 값)

이렇게 간단한 공식이 바로 내게 노벨 물리학상을 안겨준 열복사 법칙이에요. 그러니까 여러분도 저처럼 관찰을 열심히 하면 노벨 물리학상을 탈 수 있답니다.

제9장 핵심정리

- 빈은 철물의 온도와 철물에서 나오는 빛의 색깔이 관계가 있다고 생각하여 이를 밝혀 냈다.

- 빛의 파장은 붉은색에서 보라색으로 갈수록 점점 짧아진다.

- 빈의 열복사 법칙이란 가열된 물체에서 나오는 빛의 파장이 가열된 물체의 온도와 반비례한다는 것이다.

불이 약한 건지 고기가 잘 안 익는 것 같은데.
부탄가스가 없는 것 같으니까 새 것으로 바꿔달라고 하자.

아저씨 불이 약한 것 같아요.

부탄가스 좀 바꿔 주세요.

빨간 불꽃이 남아 있으니 아직 가스를 바꿔 줄 수 없어요.

그것은 잘못 알고 있는 거예요.

빨간 빛이 나오는 것은 불의 온도가 낮다는 것을 말하죠. 푸른 빛이 나와야 불의 온도가 높아요.

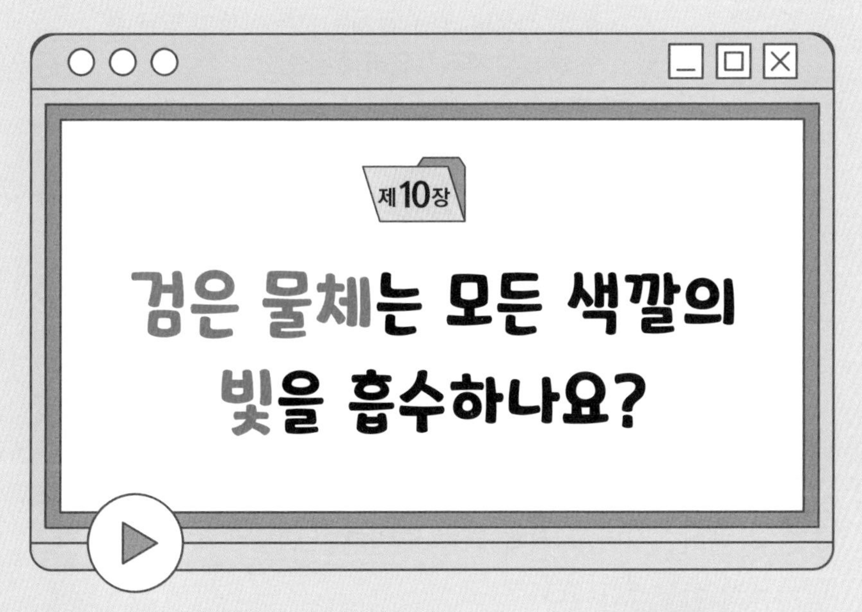

검은 물체는 모든 색깔의 빛을 흡수하나요?

교과 연계

초등 4-2 | 5단원: 열에 의한 물체의 부피 변화
중등 1 | 5단원: 상태 변화와 열에너지

학습 목표

검은 물체는 모든 색깔의 빛을 흡수하는지 실험을 통해 직접 알아본다. 어떤 물체를 가열하였을 때 어떤 색깔의 빛을 띠는지도 배운다.

원희 선생님, 검은 물체는 모든 색깔의 빛을 흡수하나요? 자세히 알려 주세요.

빈 제가 노벨 물리학상을 탄 이론은 앞에서 얘기한 가열된 물체의 온도와 그 물체에서 나오는 빛의 파장과의 관계인 빈의 법칙이에요. 하지만 나의 두 번째 위대한 업적은 검은 물체를 찾아낸 것이지요.

우리는 검은 물체는 모든 빛을 흡수하고 흰 물체는 모든 빛을 반사시킨다는 것을 알고 있어요. 나는 이 문제를 좀 더 자세히 연구했답니다.

그리고 왜 어떤 물체를 가열하면 빨간 빛이 나오고 어떤 물체를 가열하면 노란 빛이 나오는지를 연구했어요. 그러던 중 소금의 주성분인 나트륨을 가열하면 항상 노란 빛만 나온다는 것을 알아냈어요. 이상하죠? 보통의 빛은 빨강부터 보라까지의 모든 색깔의 빛을 다 포함하고 있잖아요? 보통의 빛을 프리즘에 통과시키면 일곱 색깔 빛의 무늬를 볼 수 있잖아요.

나는 왜 나트륨이 가열되면 노란 빛만을 방출하는지 궁금

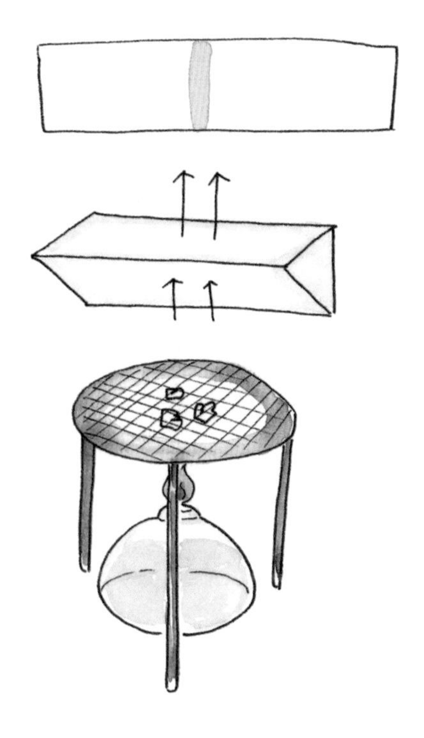

했어요.

그래서 반대로 실험해 보기로 했어요. 빨강부터 보라까지의 모든 색의 빛이 섞여 있는 흰빛을 나트륨에 쪼인 후 나온 빛을 프리즘을 통과시켰더니 이번에는 놀랍게도 노란 빛 부분만이 사라졌어요.

여러분은 이 두 실험을 통해 무엇을 느꼈나요?

나는 나트륨이 여러 가지 색깔의 빛 중에서 노란 색깔의

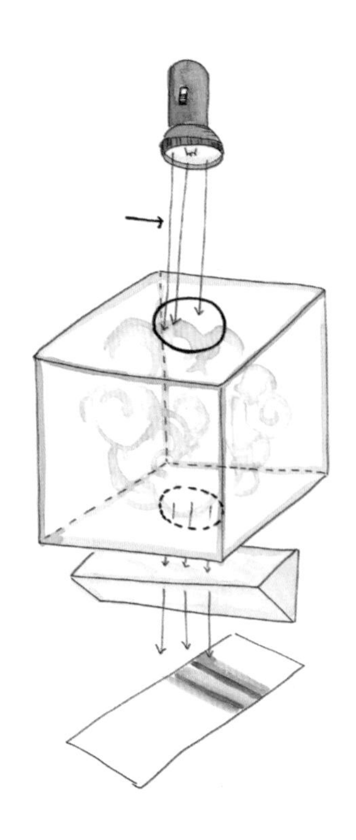

빛만을 흡수하는 성질이 있다는 것을 알아낸 거죠. 그래서 나트륨이 통과한 흰빛에는 나트륨이 흡수한 노란 빛을 제외한 나머지 색깔의 빛들만이 있었던 거예요. 그런데 나트륨을 가열하면 노란 빛만 나온다고 했죠? 그러니까 가열하면 자신이 흡수했던 빛이 나온다는 것을 알 수 있어요.

이렇게 물체마다 자신이 흡수하는 색깔의 빛이 따로 있는데 물체가 가열되면 자신이 흡수했던 색깔의 빛만을 방출하는 거죠.

원희 완전히 검은 물체는 어떤 색깔의 빛을 흡수하나요?

빈 검다는 것은 우리 눈에 아무런 빛이 오지 않는 거예요. 그림자를 보면 알 수 있잖아요? 빛이 장애물 때문에 오지 않은 곳에 그림자가 검게 생기잖아요? 그러니까 검은 물체는 모든 색깔의 빛을 흡수해야 할 거예요. 그리고 이 검은 물체를 가열하면 모든 색깔의 빛이 나와야 하고요.

실험을 무척 좋아했던 나는 바로 실험에 옮겨 보았어요. 우리가 검다고 생각되는 흑연이나 녹슨 철과 같은 물체로 실험해 보았답니다. 만일 이들 물체들이 완전히 검다면 이들 물체들을 가열한 빛을 프리즘에 통과시키면 모든 색깔의 빛이 다 나와야 해요. 하지만 실험 결과는 그렇지 않았어요.

우리 눈에 검게 보이는 물체들을 가열해도 모든 색깔의 빛들이 나오는 것이 아니라 어떤 특정한 색깔의 빛들이 나오지 않는다는 것을 알게 된 거지요. 그러니까 결국 이 물체는 모든 색깔의 빛을 흡수한 건 아니에요. 따라서 완전한 검은 물체는 아니라는 결론을 내릴 수 있었습니다.

원희 그럼 물리학적으로 완전한 검은 물체를 만들 수 없는 건가요?

빈 나는 완전히 검은 물체를 만들려고 많은 노력을 했어요. 그러던 중 미로에 갇히면 사람이 빠져 나올 수 없다는 생각이 문득 떠올랐어요.

조그만 방에 파리 한 마리가 겨우 들어갈 수 있는 구멍을 만들고 파리를 집어 넣으면 파리는 방 안을 날아다니면서 들어왔던 구멍을 찾기 위해 발버둥을 칠 거예요. 하지만 파리가 다시 구멍을 통해 탈출할 가능성은 아주 낮겠지요? 그러면 파리는 그 방에 갇혀 있게 되는 거예요.

그렇다면 모든 색깔의 빛을 파리처럼 생각하고 이 빛들이 들어가면 갇히게 되는 그런 물체를 만들면 검은 물체가 될 거라고 생각했지요. 그래서 수박처럼 생긴 공을 만들었어요. 안쪽은 텅 비어 있고, 안쪽 면은 거칠게 만들었답니다. 바깥쪽 면은 거울을 붙여 놓고 아주 작은 구멍을 뚫었어요. 파리가 들어간 구멍처럼 말이에요. 그리고 이 물체에 흰빛을 쪼

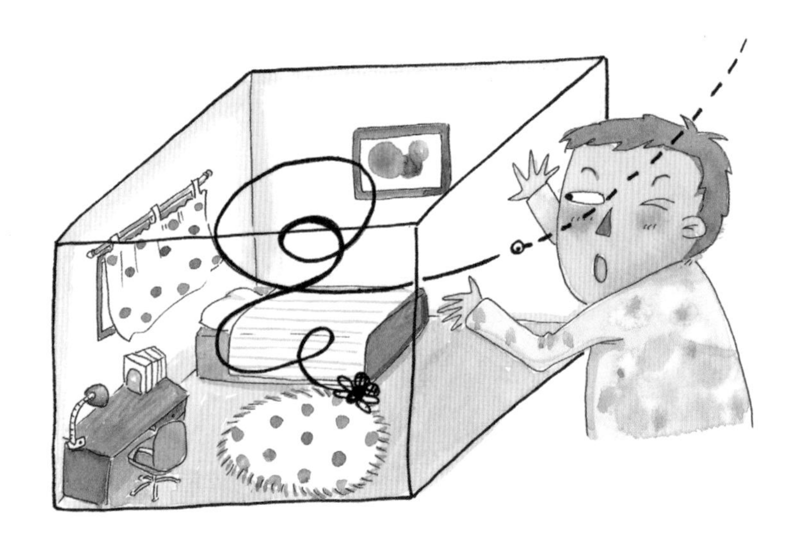

였지요. 그럼 빛이 거울 면을 통해서는 반사되어 들어갈 수 없으니까 조그만 구멍을 통해서 들어가겠죠? 그런데 들어간 빛은 구멍 안에서 거친 벽과 여러 번 충돌하면서 방향이 이리저리 바뀌게 돼요. 결국 다시 들어갔던 작은 구멍을 통해 빠져 나오기는 쉽지 않을 겁니다.

이렇게 설계한 물체가 모든 색깔의 빛을 흡수할 것이라고 생각했지요.

나의 예상은 정확하게 맞았어요. 이 물체는 흰빛을 쪼이면 모든 색깔의 빛이 흡수되어 나는 이 물체를 검은 물체라고 불렀어요. 이렇게 해서 나는 물리적으로 완벽하게 검은 물체를 처음으로 만들었답니다.

제 10장 핵심정리

- 물체는 가열하였을 때 자신이 흡수한 색깔의 빛을 방출한다.

- 완전히 검은 물체는 모든 색깔의 빛을 흡수하므로 가열하였을 때 모든 색깔의 빛을 방출한다.

왜 나만
더 더운 거지?

그거야 당연하지.
너와 나는 다른 게
있잖아.

대체 왜 그런 거야?

넌 피부가 검잖아?
검은 물체는 모든
색깔의 빛을 다
흡수하거든.
바로 그 때문이야.

부록
SF 동화

유모는 외계인

"이렇게 말썽만 피우는 애들하고는 같이 못 있겠어요!"

유모 아주머니는 앞치마를 벗으며 아빠 뒤에 숨어 있는 제인과 허크를 쳐다보았다. 이란성 쌍둥이로 초등학교에 다니고 있는 제인과 허크는 아빠 뒤에서 얼굴을 빠끔히 내밀었다.

"죄송합니다. 그 마음 이해합니다."

아빠는 고개를 숙이며 유모에게 사과했다. 그리고 화가 난 유모가 집 밖으로 나가자 큰 한숨을 쉬었다.

"뒤에 숨는다고 그냥 넘어갈 줄 아니! 얼른 앞으로 나와!"

갑자기 떨어진 아빠의 불호령에 제인과 허크는 바싹 긴장해서 아빠 뒤꽁무니에서 나왔다. 분위기가 심상치 않음을 알고 이제는 알아서 손을 번쩍 들고 벌을 섰다.

"이게 도대체 몇 번째야! 이렇게 말썽만 부리면 아빠가 맘 놓고 커피숍에 있을 수가 없잖아."

아빠는 회초리로 쓰는 효자손으로 바닥을 탁탁 치며 설명했다. 유모가 매번 바뀔 때마다 듣는 소리이기 때문에 제인과 허크는 대사까지 줄줄 외울 수 있을 것 같았지만 그래도 아빠의 말을 매번 어기는 데는 이유가 있었다.

'아빠는 우리 마음도 모르고!'

엄마는 제인과 허크를 낳은 후 먼저 세상을 떠났다. 그래서 아이들은 커피숍을 운영하는 엄한 아빠 밑에서 크고 있다.

항상 커피숍 일로 바빴던 아빠와 함께 있는 시간이 적었기 때문에 아이들은 아빠의 관심을 끌기 위해서 말썽을 부렸다. 그래서 유모가 오기만 하면 장난을 친다거나 사고를 저질러 유모를 쫓아내는 것이었다.

그날도 제인과 허크는 아직 커피숍에서 돌아오지 않은 아빠를 기다리면서 2층 방에서 책을 읽고 있었다. 나란히 앉아 책을 읽고 있는데 제인이 있는 쪽에서 방구 소리가 들렸다. 그 소리에 허크는 잽싸게 일어나서 코를 막으며 말했다.

"이 고약한 냄새와 요란한 소리는 제인의 방귀 소리?"

"맞아!"

"아우, 도대체 뭘 먹은 거야! 고구마 한 박스를 드셨나?"

"숙녀에게 예의 없이 말하기는……."

“그럼 숙녀가 방귀 껴대는 건 예의 있는 거냐?”

허크는 코를 막고 환기를 시키기 위해 창문을 열었다. 그리고 참고 있던 숨을 깨끗한 공기로 쉬려고 창문 밖으로 고개를 내밀고 크게 숨을 쉬고 있었다.

그런데 갑자기 허크의 눈에 무엇인가 하늘에서 내려오는 것이 보였다. 작은 별 같기도 한 것이 꼭 얼마 전 텔레비전에서 보았던 별똥별인 것 같기도 했다.

“어! 제인, 저것 봐! 별똥별이야!”

자기 방귀 냄새에 코를 막고 있던 제인이 엉덩이를 털며 허크 곁으로 갔다. 그리고 놀라 눈을 동그랗게 뜨며 말했다.

“우와! 정말이네! 그런데 별똥별 같지는 않은데?”

“그렇긴 해. 저번에 텔레비전에서 본 것보다는 훨씬 큰 것 같아!”

“어어! 불덩이가 점점 우리 마을 쪽으로 오고 있어!”

‘지지직-.’

제인과 허크는 갑자기 난 소리에 놀라서 고개를 획 돌렸다. 라디오가 켜졌다 꺼졌다 하면서 맞지 않은 주파수 소리가 들렸다. 그리고 거실에 있는 텔레비전 소리도 들렸다 들

리지 않기를 반복했다.

"으으, 무섭게 왜 이러지? 어제 들었던 귀신 얘기가 생각 나~."

제인은 갑자기 일어난 상황이 무서운지 허크의 팔을 꼭 잡았다. 허크는 제인의 말을 듣는 둥 마는 둥 다시 창밖을 보았다. 하늘을 가로지르던 그 불덩이는 이미 마을의 공원에 떨어져 있었다.

"밖으로 나가 보자! 저 불덩이가 떨어진 곳이 어딘지 알겠어!"

떨어진 불덩이가 궁금한 허크는 무서워하는 제인의 팔을 잡아 이끌면서 밖으로 나갔다.

궁금한 것은 바로 알아야지 직성이 풀리는 허크는 제인과 함께 불덩이가 떨어진 곳으로 갔다. 하지만 달려간 공원에는 아무것도 없었다.

"분명 이쯤이었는데……."

허크는 아까 2층에서 확실히 봤기에 좀 더 주위를 둘러보았다. 하지만 모두 잠들어 있는 공원일 뿐 불덩이는 발견되지 않았고 결국 아무것도 얻은 것 없이 집으로 돌아왔다.

"어디인지 알 것 같다며! 그런데 왜 아무것도 없을까?"

허크 손에 끌려갔던 제인이 억울한지 집으로 돌아오는 내내 허크에게 놀리듯 말했다.

'잘못 본 거겠지.'

허크는 그렇게 생각하며 제인과 함께 터벅터벅 집으로 들어왔다.

집에는 이미 퇴근하신 아빠가 소파에 앉아 계셨다. 그리고 그 앞에는 웬 낯선 여인이 얘기를 나누고 있었다.

"너희 지금 몇 시야? 아빠가 이렇게 늦은 시간에 밖으로 나가면 위험하다고 말했잖아!"

아빠는 진흙이 가득 묻어 있는 신발을 벗고 있는 허크와 제인을 보며 야단쳤다. 아이들은 이미 아빠가 당부했던 말인 걸 알기에 아빠 옆으로 와서 벌을 서려고 손을 들었다. 그런데 이번에는 아빠가 손을 내리게 했다.

"여기 새로 오신 유모께 인사드려."

소파에 앉아 있는 유모는 포근해 보였다. 대부분 아줌마들처럼 과연 소파가 견딜 수 있을까 의심이 될 정도로 펑퍼짐한 엉덩이와 뽀글뽀글 파마를 하고 있었지만 그동안의 유모들과는 무언가 다른 낯선 유모였다. 그러나 제인과 허크는 유모를 반길 리가 없었다.

'흥, 이번에도 또 얼마 못 견디고 나가실 거야.'

허크와 제인은 이런 의미심장한 말을 눈빛으로 주고받았다. 그리고 아빠 앞이라 티는 안 내면서 퉁명스럽게 유모 앞에 가서 인사를 했다.

"안녕하세요. 저는 허크고요. 얘는 쌍둥이 제인이에요."

"그래, 참 예쁘구나. 나는 메리앙 유모란다."

유모는 방긋 웃으면서 허크의 머리를 쓰다듬었다. 허크는 살짝 얼굴을 찡그렸다.

“시간이 벌써 이렇게 됐네. 오늘은 심야영업을 하러 가야 하니깐 유모 말씀 잘 듣고 이번에는 말썽 부리면 안 된다!”

아빠는 손목시계를 보고는 바쁘게 일어났다. 그리고 잊지 않고 제인과 허크에게 볼을 내밀어 아이들의 뽀뽀를 받은 후 유모에게 당부의 말도 잊지 않았다.

“우리 아이들이 짓궂을 수도 있으니깐 좀 이해해 주세요.”

아빠는 문을 열고 깜깜한 어둠 속으로 걸어갔다. 그리고 문이 닫혔다.

아빠의 모습을 보이지 않자 가만히 앉아 있던 메리앙 유모가 갑자기 털썩하는 요란한 소리를 내며 긴 소파에 자리를 잡고 누웠다. 쿠션을 베고 두 다리를 쭉 뻗고 누웠는데 그 때문에 소파가 푸욱 꺼지는 소리가 들릴 정도였다.

“엥? 바로 주무시잖아?”

아빠를 문 앞에서 배웅하고 돌아서던 허크가 소파에 누운 메리앙 유모를 보고는 제인에게 말했다.

“아빠 안 계시다고 바로 주무시다니! 못된 유모야!”

야무지게 팔짱을 낀 제인이 자고 있는 메리앙 유모를 째려봤다. 하지만 메리앙 유모는 코까지 골며 자느라 일어날 생각을 하지 않았다. 그때 허크의 배에서 유모의 코고는 소리를 잠재울 만한 꼬르륵하는 소리가 크게 들렸다. 허크는 배를 잡고 제인에게 말했다.

"아아, 그건 둘째치고 지금 무척 배가 고파. 뱃가죽이 등가죽에 붙어버린 것 같아!"

"너도 그래? 역시 우린 쌍둥이인가 봐!"

제인도 마침 배가 많이 고픈 상태였기 때문에 허크의 마음을 백번 이해할 수 있었다. 누가 쌍둥이 아니랄까 봐 허크와 제인은 눈이 마주치자마자 동시에 외쳤다.

"라면!!!"

마음이 통한 둘은 까르르 웃으며 부엌으로 갔다. 자고 있는 유모를 대신해 직접 라면을 끓여 먹기 위해서였다.

허크와 제인은 알아서 각자 라면과 냄비를 찾기 시작했다.

"여기 라면 두 개 빙고!"

"어? 냄비는 안 빙고! 작은 것밖에 없는데?"

제인은 라면 하나 정도만 끓일 수 있는 작은 냄비를 들었다. 다른 냄비를 쓰자니 직접 설거지를 해야 해서 허크는 잠시 고민을 했다.

'에베레스트산 못지않게 쌓인 설거지를 해야 할 것인가, 그냥 작은 냄비에 끓여 먹을 것인가!'

그러나 귀찮은 것이 싫은 허크는 작은 냄비에 끓여 먹기로 결정하고 물을 가득 받았다.

물이 넘칠락말락 하는 작은 냄비를 가스레인지 위에 조심스럽게 올려놓았다.

"면은 물이 끓었을 때 넣어야 제 맛이지!"

허크는 아는 척을 하면서 제인에게 가르치듯 말했다. 먹는 것에 대해서는 허크를 따라올 자가 없다는 걸 알기에 제인은 고개를 끄덕이며 물이 끓기만 기다렸다.

"어! 물이 끓는다!"

어느 정도 시간이 지나고 가득 담긴 물이 방울을 만들며 끓고 있었다. 하지만 처음부터 작은 냄비에 물을 많이 받아서 그런지 물이 끓으면서 냄비 너머로 넘치려 했다.

"오빠! 물이 다 넘칠 것 같아!"

제인은 소란스럽게 허크를 불렀지만 막상 물이 위험스럽게 부글거리자 겁먹은 허크는 아무것도 하지 못한 채 쩔쩔매고만 있었다. 그때 갑자기 큰 발자국 소리가 들렸다.

"아, 유모!"

제인이 뒤돌아보자 유모가 아까 자다가 흘린 침을 닦으며 부엌에 들어오고 있었다. 그리고 부글거리는 소리를 내는 냄비를 보고는 흐리멍덩하던 눈을 날카롭게 떴다.

"얘들아, 가까이 가면 안 돼!"

유모의 말에 허크도 제인도 무서워 유모의 뒤에 숨었다. 유모는 급히 주위를 둘러보다가 싱크대 위에 놓인 동전 몇 개를 발견하고는 고개를 살짝 끄덕인 뒤 오른손 검지를 쭉 펴고는 동전을 가리켰다.

"아줌마! 물이 넘쳐요!"

허크는 냄비 근처에도 가지 않는 유모를 탓하며 소리쳤다. 그러나 유모는 허크의 소리에 신경 쓰지 않는 듯 동전을 가리킨 손을 살짝 올렸다. 그러자 놀랍게도 싱크대에 놓여 있던 동전이 마법같이 공중으로 들어 올려졌다.

"우와!!!"

메리앙 유모의 뒤에 숨어 얼굴만 쏘옥 내밀고 있던 제인과 허크가 이 놀라운 광경에 동시에 소리쳤다.

유모는 재빨리 손을 냄비 쪽으로 향했다. 그러자 동전도 유모의 손짓을 따라 냄비 위로 움직였다. 계속해서 유모가 손가락을 아래로 까딱하자 동전이 그대로 냄비 속으로 퐁당 떨어졌다.

"이런 걸 공간이동이라고 하지. 이제 물이 넘치지 않을 거야."

아까 좁혀졌던 미간이 서서히 풀리면서 다시 유모의 인상이 밝아졌다. 그리고 냄비의 물도 유모의 말처럼 넘치려다가 다시 착 가라앉았다. 뒤에 있던 제인이 그 순간을 놓치지 않고 달려가 가스레인지의 불을 껐다.

"아, 아까 저희가 잘못 본 거예요?"

아직도 어안이 벙벙한 허크가 뒤에서 유모를 올려다보며 말했다. 하지만 유모는 동그란 눈을 뜨고 대답을 기다리고 있는 허크의 머리카락을 헝클어뜨리며 웃을 뿐이었다.

"동전을 넣으면 물이 안 넘치나요?"

제인이 물었다.

"좋은 질문이야. 물이 끓으면 물속의 물방울이 열을 받아 기체인 수증기로 변한단다. 이것을 기포라고 하지. 그런데 기포는 물보다 밀도가 작아서 위로 올라가는 성질이 있거든. 그리고는 물 밖으로 탈출하여 공기 중으로 날아가겠지. 그런데 기포가 물 밖으로 날아가면서 물방울들을 밀어내기 때문에 물이 넘치는 거야. 하지만 동전을 넣으면 달라지지."

메리앙 유모는 친절하게 설명해 주었다.

"동전을 넣으면 뭐가 달라지는 거죠?"

제인이 되물었다.

"동전은 금속으로 만들잖아? 그럼 열이 동전을 가열하는 데 사용되기 때문에 기포가 많이 만들어지지 않아서 물이 안 넘치는 거야. 이제 알겠지? 그런데 너희들 라면 먹고 싶었구나!"

유모는 무거운 몸을 뒤뚱거리며 냄비 안에 있는 라면을 보면서 말했다. 제인이 고개를 끄덕이자 유모는 무언가 좋은 생각이 났는지 푸근한 웃음을 지으며 말했다.

"나를 부르지 그랬니."

"아줌마는 아까부터 계속 주무셨잖아요."

허크가 자기도 거의 들리지 않을 정도로 작은 목소리로 말했다. 그러나 메리앙 유모의 귀는 피할 수가 없었다. 용케 들은 유모가 무안한지 괜스레 통통한 볼을 만지며 말했다.

"으흠. 그건 그렇지만……. 흠흠, 대신 내가 아주 신기한 라면을 끓여 줄게."

"라면이 다 라면이지 뭐가 신기하다는 거예요?"

제인이 입을 삐죽 내밀었다. 하지만 메리앙 유모는 미소를 띠며 말했다.

"아마 종이냄비로 끓인 라면은 처음일걸."

메리앙 유모는 무엇인가 보여주겠다는 듯 종이 두 개를 꺼냈다. 그리고 라면을 담을 수 있도록 냄비 모양으로 이리저리 종이접기를 했다. 유모는 접는 방법이 잘 생각나지 않는지 진땀을 빼며 여러 번 고쳐 접기를 반복했다. 그러고는 드디어 어느 정도 오목한 모양이 되자 물을 담았다.

"분명 물을 담으면 종이가 다 젖어 버릴 거예요!"

믿을 수 없다는 듯이 새침하게 제인이 말했다. 하지만 그 말을 무시하듯 오목한 종이냄비는 물 한 방울 젖지 않은 채 물을 모두 담아냈다. 아이들이 더 놀라기도 전에 유모는 물을 끓여 금세 라면을 만들어 냈다.

"어서 먹어 봐."

종이냄비 안에서 맛있는 냄새를 풍기고 있는 라면이 식탁 위에 올려졌다. 어느새 식탁에 앉아 젓가락을 쥔 채 군침을 삼키고 있던 허크와 제인이 라면이 오자 허겁지겁 한 젓가락 집어 들었다. 그리고 며칠은 굶은 사람들처럼 먹기 시작했다.

“우와! 정말 라면이네!”

“종이냄비로 끓여서 그런지 더 맛있는 것 같아!”

아까 의심 가득한 눈빛은 온데간데없이 게 눈 감추듯 후루룩 라면 한 그릇을 다 먹었다.

“누구 집 아이들인지 정말 잘 먹네.”

“누구 집이긴요. 아빠 아이들이죠. 그런데 어떻게 종이로 냄비를 만들 수 있었어요? 물에 젖지도 않고 불에 타지도 않고……. 이거 종이 아니죠?”

뿌듯하게 바라보는 유모에게 제인은 또 다른 의심의 눈

초리를 들었다. 막상 맛있게 먹긴 했지만 종이냄비가 믿기지 않았기 때문이었다. 유모는 그럴 줄 알았다는 표정으로 제인의 머리를 쓰다듬으며 설명했다.

"종이냄비는 아주 안전해. 종이에 물이 있다면 말이야. 종이냄비에 물을 넣고 끓이면 물은 100도에서 끓어 기체인 수증기로 변하지만 종이는 100도 정도로는 타지 않기 때문에 종이는 타지 않고 물만 끓일 수 있는 거야. 하지만 종이냄비 속의 물이 모두 수증기가 되어 날아가 버리면 종이냄비가 타버리겠지."

"우와, 아줌마 대단해요!"

유모의 이야기를 듣던 제인이 고개를 끄덕였다. 그리고 옆에서 듣고 있던 허크가 유모 가까이로 오면서 물었다.

"그럼 아까 손으로 동전을 움직인 건 어떻게 하신 거예요?"

"음, 그건 말이다……."

허크의 질문에 유모는 당황한 기색이 역력했다. 과학으로 설명할 수 없는 무언가를 어떻게 말해야 할지 고민하다가 유모는 큰 결심을 한 듯 숨을 한 번 몰아쉬었다.

"그건, 사실 나는 다른 별에서 왔단다. 나는 지구인이 아니야. 그래서 공간이동을 할 수 있었던 거야."

혹시나 아이들이 무서워서 달아나지는 않을까, 울지는 않을까 걱정하며 유모는 조심스럽게 말을 꺼냈다. 하지만 걱정과는 달리 오히려 허크의 눈은 호기심으로 가득했다. 반대로 제인의 의심스러운 눈이 다시 살아나고 있었다.

"정말요? 에이, 속임수 쓴 거죠?"

"얘가 속고만 살았구나, 아까 텔레비전이 꺼졌다 켜졌다 하지 않았니?"

유모의 뜬금없는 질문에 제인은 아까 별똥별이 떨어지면서 텔레비전이 켜졌다 꺼졌다 한 것이 기억났다.

"네, 그걸 어떻게 아세요?"

"그건 내가 적외선을 발산해서 텔레비전을 조정한 거였단다."

이미 유모가 외계에서 왔다는 걸 믿고 있는 허크가 동그란 눈을 껌뻑이며 유모에게 자세히 설명해 달라고 부탁했다. 아직 그 말로는 이해를 다 할 수가 없었기 때문이었다.

"자세히 말하자면 말이다. 너희들이 텔레비전을 켜거나

끌 때 사용하는 리모컨에서는 적외선이라는 눈에 안 보이는 빛이 나오지. 이 빛은 빨간 빛보다 파장이 길어서 사람의 눈에는 보이지 않는데 이 빛을 텔레비전의 센서에 비추어 텔레비전을 켜고 끌 수 있는 거지. 그런데 나는 적외선을 뿜어낼 수 있는 능력이 있으니까 텔레비전에 장난을 좀 쳐본 거야."

"거짓말이 아닌가 봐!"

허크가 어깨로 제인의 어깨를 살짝 치면서 말했다. 옆에 있던 제인은 유모가 진짜 외계인이라는 사실에 놀랐다가 문득 궁금한지 검지를 유모 앞에 내밀었다.

"응? 뭐?"

자꾸 검지를 내미는 제인을 보면서 유모가 어떻게 반응해야 할지 당황해 하다가 얼떨결에 같이 검지를 내밀어 손가락이 맞닿게 했다. 이것은 E.T.의 한 장면과 같았다.

"야! 외계인이면 다 E.T.인 줄 아냐!"

아무런 반응도 일어나지 않는 두 손가락을 보면서 허크가 제인을 타박했다. 제인은 이상하다면서 고개를 갸우뚱하다가 아까 자기가 했던 게 민망했는지 얼굴이 빨개졌다.

유모는 제인의 고운 머리카락을 넘기면서 자상하게 말했다.

"예쁜 제인 얼굴이 꼭 잘 익은 방울토마토 같구나."

제인은 외계인이지만 따뜻한 유모의 손길이 싫지는 않았다.

"아줌마, 최고예요!"

제인의 마음을 눈치챘는지 허크가 유모에게 엄지손가락을 치켜들었다.

"지금까지 야단만 치고 계속 시키기만 하는 유모와는 달라요! 신기하고 재밌는 것도 많이 보여 주고……. 유모가 좋아요!"

제인도 옆에서 고개를 끄덕였다. 유모는 반가워하는 아이들을 넓은 품으로 안았다.

"외계에서 온 날 두려워할까 걱정했는데 이렇게 반겨주니 고맙구나."

아이들은 그 이후도 외계인 유모를 잘 따랐고, 그만큼 유모도 아이들과 재미있는 시간을 보냈다. 메리앙 유모에게 지구에 대한 이야기를 들려 주기도 하고 아이들에게 유모가 우주에 대한 이야기도 들려 주었다. 그리고 맨눈으로는 믿을 수 없는 유모의 쇼를 보는 재미도 놓칠 수 없을 정도였다.

"유모! 재미있는 것 좀 보여주세요."

"그래도 너희들, 처음에 해 준 종이냄비 라면만큼 좋아하는 건 없는 것 같은데……."

"그건, 맛있으니깐 그렇죠. 헤헤헤."

나른한 일요일. 맛있는 저녁식사를 마치고 유모와 아이들이 여느 때처럼 한가한 저녁시간을 보내고 있었다. 그때 무슨 일인지 일찍 가게에서 집으로 오신 아빠가 아이들을 한 자리에 불러 모았다.

"허크, 제인. 오늘 공부한 거 검사하는 날이지?"

아빠의 말이 들리자 웃고 있던 제인과 허크가 웃음을 뚝 그쳤다.

"왜 그렇게 있어, 어서 일주일 동안 공부한 것 들고 와."

단호한 아빠의 목소리에도 아이들은 쭈뼛쭈뼛하며 자리만 지키고 있었다. 원래 항상 일요일 저녁에는 일주일 동안 공부한 내용을 체크하는 게 규칙이었기 때문에 아빠는 움직이지 않는 아이들을 보며 이상한 느낌을 받았다.

"너희들! 왜 가만히 있어!"

화가 난 표시로 더 커진 목소리에 놀란 아이들의 어깨가 들썩거렸다. 제인이 허크의 옆구리를 툭툭 치면서 먼저 말하라는 눈빛을 보냈다.

"오빠, 오빠가 먼저 말해."

"넌 꼭 이럴 때만 오빠라고 하더라."

작게 속삭이며 허크는 제인이 미운지 손으로 꿀밤을 때리려 했지만 아빠가 보는 앞이라 금세 포기해 버렸다. 그리고 개미 소리만 한 목소리로 말을 꺼냈다.

"그게…… 저희가……."

그러나 뒷말이 쉽게 나오지 못하자 아빠는 눈치를 채고 아이들 옆에서 걱정스런 얼굴로 있는 메리앙에게 물었다.

"메리앙 유모, 아이들 공부 안 시켰어요?"

"아, 그게 말이죠. 저희가 이번 주는 친목을 다지자는 의미에서 공부보다는……."

이번 주는 아이들이 유모와 논다고 연필 한 번 쥐어 본 적이 없었단 걸 알기 때문에 유모는 최대한 아이들을 감싸면서 사실대로 말했다. 하지만 굳은 아빠의 인상이 펴질 수 있는 말은 아니었다.

"그래도 공부를 시켰어야죠."

아빠의 말에 아이들은 입을 오리처럼 삐죽 내밀면서도 이미 손을 든 채 벌을 서고 있었다.

아빠는 땅이 푸욱 꺼질 만큼 큰 한숨을 쉬었다. 깊이 내쉰 숨에 아빠의 걱정이 가득 담겨 있었다.

"요즘 일이 쉽게 풀리는 게 없네요. 아이들은 공부를 안 하고, 우리 커피숍 앞에는 대형 커피체인점이 들어오고……."

마을에서 작은 커피숍을 운영하고 있는 아빠의 요즘 고민은 가게 앞에 대형 커피체인점이 들어선 것이다. 워낙 광고도 많이 하고 이름도 알려진 커피체인점이라 마을 사람들 모두 아빠 가게가 아닌 커피체인점으로 가 버리는 것이었다.

"앞에 새 가게가 생겼으니 손님이 조금 줄었겠네요."

유모가 걱정스러운 눈빛으로 말했다.

"조금이 아니죠. 오늘 우리 가게에 겨우 2명이 왔었던 걸요. 그래서 오늘은 일찍 가게 문을 닫고 왔어요. 손님이 더 이상 올 것 같지도 않아서요."

한 번도 아빠의 속마음을 들어본 적이 없었던 제인과 허크는 벌을 서면서도 아빠가 걱정되었다. 허크와 제인 앞에서 엄한 아빠이기도 했지만 한 번도 이런 걱정을 말씀하셨던 적은 없었기 때문이다. 유모는 한숨 가득한 아빠를 보다가 통통한 살 때문에 잘 되지는 않지만 억지로라도 팔짱을 끼면서 고민에 빠졌다. 그렇게 몇 분이 흐르고 유모가 팔에 쥐가 나는지 팔을 주무르면서 아빠에게 말했다.

"오케이! 저에게 좋은 생각이 있어요! 새로운 커피를 내놓으면 사람들이 다시 찾지 않을까요?"

"새로운 커피요?"

아빠는 유모의 말에 힘없이 있던 몸을 일으켰다.

"네! 특이한 커피가 나온다면 사람들이 궁금해서라도 오지 않을까요?"

"그거야 맞는 말이지만……. 특이한 커피가 지금 당장 있나요. 도깨비 방망이가 있어서 뚝딱 나와라 할 수도 없는데……."

"도깨비 방망이 대신 이 능력 있는 유모가 있잖아요!"

유모는 갑자기 온몸을 비틀어 S자를 만들려 했다. 하지만 몸이 더 이상 휘어지지 않자 결국 B자 몸매 그대로 다시 말을 이었다.

"자, 걱정 마세요! 제가 준비한 커피가 있으니까요!"

"유모, 혹시나 해서 말하는데요. 지구에는 이미 종이로 만든 컵으로 커피를 마시고 있어요!"

허크가 말했다. 처음에 종이냄비로 끓인 라면이 생각났기 때문이었다. 하지만 유모는 고개를 휙휙 저었다.

"날 뭘로 보고! 내가 생각해낸 커피는 바로 아이스 앤 핫 커피야!"

"아이스 앤 핫이라면……, 차갑고도 뜨거운 커피라고요?"

영어 공부를 조금 했던 제인이 물었다. 커피면 차갑거나 뜨거운 거지 두 가지 성질이 다 있다는 건 누구도 이해할 수 없는 거였다.

"간단하게 만들 수 있어. 열의 대류의 성질을 이용하면 돼. 대류는 기체나 액체 상태의 물질을 통해서 열이 전달되는 것을 말하는데 아래쪽이 온도가 높고 위쪽이 온도가 낮을 때만 대류가 일어나. 그러니까 커피잔 아래에 얼음을 넣고 얼음이 위로 올라오지 못하게 막아두는 거야. 그리고 그 위에 커피를 붓고 얼음의 위쪽을 가열하면 커피는 대류에 의해 끓게 되지만 위쪽의 열이 아래쪽의 얼음으로는 전달되지 않기 때문에 얼음은 아래에 그대로 있게 되지. 이게 바로 아이스 앤 핫 커피의 원리야."

"만약 그게 된다면 정말 밑에는 차갑고 위에는 뜨거운 커피가 되겠네요!"

아빠도 유모가 생각해낸 커피가 나쁘지 않은 눈치였다. 그때 허크가 자기 방식대로 이해하며 말했다.

"자장면이랑 짬뽕 둘 다 먹고 싶을 때 짬짜면을 먹잖아요. 그런 것처럼 뜨거운 커피랑 아이스커피 둘 다 먹고 싶을 때 아이스 앤 핫 커피 먹으면 되겠네요!"

"역시 허크식 이해네."

제인이 허크에게 엄지손가락을 들었다. 허크는 우쭐하는 표정으로 유모를 봤다. 유모 역시 허크를 보면서 손가락으로 오케이를 그렸다.

"그럼 내일부터 당장 개시해야겠어요. 유모, 고마워요!"

아빠는 시도해 봐도 좋을 것 같다는 생각에 유모의 손을

꼭 잡았다. 순간 유모의 얼굴이 살짝 빨개지기는 했지만 아이들 모두 집 안이 조금 더워서 그러려니 하며 그냥 넘어갔다.

다음날. 아빠의 커피숍에 새로운 메뉴인 아이스 앤 핫 커피가 선보였다. 손님들은 호기심으로 아이스 앤 핫 커피를 찾기 시작했다.

"어쩜, 이것 봐! 밑에는 차가운데 위에는 뜨겁네!"

"에이, 그런 게 어디 있어!"

처음 아이스 앤 핫 커피를 본 사람들은 의심했다. 하지만 곧 마셔 보고는 신기해서 입을 다물지 못했다.

"정말 신기하다! 맛도 저기 앞에 있는 비싼 체인점 커피보다 훨씬 맛있는 것 같은데!"

아이스 앤 핫 커피 이야기는 소문을 타고 점점 퍼져나갔고 단 며칠 만에 예전 손님을 찾을 수 있었다. 아니, 예전보다도 더 손님이 많아져서 아빠 혼자 커피숍을 운영하기가 힘들 정도였다.

"메리앙 유모! 지금 아이스 앤 핫 커피 열풍이에요!"

커피 소문을 듣고 찾아온 사람들이 늘어가면서 방송국에서 취재도 하러 오고, 신문에도 기사가 나면서 아이스 앤 핫 커피는 인기를 끌게 되었다. 그리고 더욱 바빠진 아빠가 오랜만에 집에 일찍 들어왔다.

"정말 다행이네요!"

유모와 아빠는 기쁜 마음에 얼싸안았다가 괜히 서로 민망해 살짝 밀쳐냈다.

"다행 정도가 아니죠! 이번 달 매출이 건너편 커피체인점을 눌렀어요. 다 메리앙 덕분이에요."

메리앙 유모를 보는 아빠의 눈은 기쁨으로 빛났다. 제인과 허크는 오랜만에 일찍 들어온 아빠를 맞으러 갔다가 무언가를 눈치채고 둘이 작게 속삭였다.

"뭔가 잘되고 있는 거 같지 않아?"

"응. 뭔가 수상한 냄새가 나!"

"나 지금 방귀 안 뀌었는데?"

제인의 말에 허크가 코로 여기저기 킁킁대면서 말했다. 제인은 할 수 없다는 표정으로 고개를 내저었다.

"그 말이 아니잖아! 오늘 밤에 살짝 유모 아줌마에게 물어봐야겠어!"

제인은 오랜만에 재미있는 일이 생기는 것 같아 살짝 웃음을 지었다.

드디어 곧 달이 뜨면서 밤을 알렸고 곧 제인과 허크도 잘 시간이 되었다.

언제나처럼 유모가 아이들을 재우기 위해 옆에서 이부자리를 봐 주고 있었다. 깊은 밤중에 휘영청 뜬 달만큼 쌩쌩한 허크가 눈을 껌뻑였다.

"유모, 유모! 유모가 사는 행성은 어떤 곳이죠?"

가만히 누워 있어도 잠이 오지 않자 허크가 심심한지 유모에게 물었다. 여태까지 우주에 대한 이야기는 많이 해 주었지만 정작 유모가 있었던 별에 대해서는 아무것도 말해 주지 않았기 때문이었다.

"내가 사는 행성 말이야……."

유모의 눈이 갑자기 슬퍼지는 것 같았다. 어두워서 그렇지 불만 켰으면 분명 유모의 눈가에 눈물이 보였을 것이다.

"이젠 돌아갈 수 없는 곳이지. 나는 행성 X108에 살았어. X108은 파란 태양 주위를 도는 행성이지."

"파란 태양이요?"

"그래, 너희들이 사는 지구에서 보는 태양은 노란빛을 띠지? 그건 바로 태양의 온도가 그리 높지 않아서 그래. 뜨거운 물체는 빛을 내는데 이를 복사라고 하지. 그 빛을 통해 열을 전달해. 그런데 가열된 물체의 온도가 높을수록 파장이 짧은 빛을 내거든. 우리 행성이 돌고 있는 태양은 지구가 도는 태양보다 온도가 높기 때문에 파장이 긴 푸른빛을 내는 거야."

"정말 멋있겠어요. 그런데 왜 갈 수 없죠?"

"별은 어느 정도 살다가 수명이 다하면 없어지거든. 그런데 우리의 태양이 점점 식어가고 있어. 그래서 우리 행성의 사람들은 모두 다른 행성으로 가서 그 행성의 사람들을 도와주기로 한 거야. 나는 지구에서 임무를 맡게 된 거고."

유모는 지구에서 멀리 떨어져 있던 별을 생각하면서 아이들에게 마치 동화책을 읽어주듯 얘기했다. 허크와 제인도 동화 속에서나 나올 법한 이야기에 눈을 껌뻑이며 주의 깊게 들었다. 하지만 제인은 곧 슬퍼하는 유모의 목소리를 눈치챘고 유모를 위해 화제를 돌리기로 했다.

"유모, 요즘 유모 눈동자에서 하트 모양이 보이는 거 아세요?"

제인은 갑자기 우스꽝스럽게 눈을 가리키며 말했다. 그때서야 유모는 고인 눈물을 훔치고 제인에게 물었다.

"하트라니?"

"저도 뭐 다 안다고요. 척 보면 다 알지요."

제인은 장난스럽게 두 손을 한 번 맞추더니 경쾌한 소리를 냈다. 그리고 유모의 손을 잡았다. 아빠와 유모가 서로 사랑하고 있다는 것쯤은 어려도 다 알고 있다는 손짓이었다.

유모는 따뜻한 손으로 제인의 손과 허크의 손을 잡았다.

그리고 큰 결심을 말하듯 숨을 몰아쉬었다.

"얘들아, 내가 너의 엄마가 되면 어떻겠니?"

"엄, 엄마요? 엄마라는 말 한 번도 써 본 적이 없어요. 하지만 유모 아줌마가 엄마가 되는 건 좋아요!"

제인과 허크는 계속 아빠 밑에서 자랐기 때문에 엄마라는 말이 낯설었다. 하지만 제인이나 허크나 자상한 메리앙 아줌마가 아빠를 사랑한다는 것에는 찬성이었다.

"메리앙 아줌마, 저도 찬성이에요! 아줌마가 엄마면 무지 좋을 거예요!"

메리앙 유모는 아이들의 손을 더 꼭 잡았다. 그리고 또 눈물이 고였다. 아까의 그리움 가득한 눈물과는 다른, 기쁨의 눈물이었다.

"고맙다. 너희들을 사랑하면서 아빠도 사랑하게 되었단다."

메리앙 유모는 일어나 아이들을 품으로 꼭 안았다. 그리고 그제야 아이들은 새근새근 잠이 들었다.

그날 허크와 제인은 아빠와 메리앙 유모와 함께 소풍가는 꿈을 꿨다. 아이들이 그토록 바라던 단란한 네 식구의 소풍이었다.

며칠 뒤, 한창 결혼 준비를 하고 있는 유모와 아빠를 위해 제인과 허크는 깜짝이벤트를 하기로 했다.

“메리앙 아줌마랑 아빠랑 결혼하는데 우리가 가만히 있을 수 없지.”

“당연하지. 그동안 메리앙 아줌마한테 배운 것으로 이벤트를 해 주는 건 어때?”

“이벤트?”

“응!!! 나에게 좋은 방법이 있어!”

제인은 이미 생각해 둔 게 있는지 허크의 손을 이끌고 넓은 공원으로 갔다. 그리고 제인은 작은 체구로 낑낑대면서 준비물로 여러 금속들을 들고 왔다. 영문을 모르고 끌려온 허크는 공원에 마련된 벤치에 앉아 가만히 보고만 있었다.

“너는 여자가 이렇게 힘들어 하는데 도울 생각도 안 하네!”

제인이 준비물을 다 옮기고 이마에 흐른 땀을 손으로 훔쳤다. 그리고 벤치에서 발장난이나 하고 있는 허크를 보면서 소리쳤다. 그러자 허크는 어쩔 수 없다는 듯이 어깨를 으쓱했다.

“아니, 좋은 방법을 얘기해 줘야지 같이 준비하지, 혼자

하는 게 어디 있냐!"

"얘가 눈치가 없어요. 내가 준비해 온 거 보면 몰라?"

허크는 제인이 가져온 준비물들을 훑어봤다. 고개를 갸우뚱하면서 한참을 보다가 그제야 감을 잡았는지 살짝 미소를 지었다.

"아하! 알칼리 금속을 가열하려는 걸 보니 불꽃놀이를 하려는 거지?"

"빙고. 알칼리금속은 리튬, 나트륨, 칼륨, 루비듐, 세슘 등이 있는데 가열하면 서로 다른 색깔의 빛을 내는 성질이 있거든. 예를 들어 나트륨을 가열하면 노란 빛이 나오고, 리튬은 빨강, 칼륨은 보라, 류비듐은 진한 빨강, 세슘은 파란색의 빛을 내니까 말이야."

불꽃놀이 원리는 저번에 메리앙 유모가 얼핏 얘기해 주었던 거라 허크와 제인이 기억을 하고 있었던 것이다. 그렇게 오전 내내 공원에서 제인과 허크는 불꽃놀이를 준비했다. 그리고 하늘의 별이 더욱 반짝이는 밤이 되자 제인과 허크는 준비된 불꽃놀이를 보여 주기 위해 메리앙 유모와 아빠를 불러냈다.

“이 밤에 왜 나오라고 했는지, 참!”

아빠는 투덜거리면서도 오랜만에 메리앙 유모와 둘만의 외출이라는 생각으로 공원에 나왔다. 한적한 공원에는 까만 하늘을 배경으로 아빠와 유모는 벤치에 앉아 모처럼 오붓한 시간을 보내고 있었다. 그때 갑자기 분위기를 깨는 ‘펑’ 하는 소리가 들렸다.

“무슨 소리지?”

유모는 혹시나 아이들이 있는 쪽에서 나는 소리인가 싶어 급히 자리에 일어나 아이들을 찾으러 가려 했다. 그때 아빠가 일어서려는 메리앙 유모의 팔을 잡았다. 유모는 그제야 아빠가 가리키는 손끝을 보았다.

“아이들이 이것 때문에 여기로 오라고 했군요.”

아빠가 가리킨 검은 하늘에는 화려한 색깔의 불꽃이 그림을 그리고 있었다. 펑펑 하늘로 올라간 불꽃은 밤하늘에 그려진 은빛무지개처럼 포물선을 그리다가 없어지기를 반복했다. 한동안 하늘에 뿌려지는 색색의 불꽃들은 유모와 아빠가 눈을 떼지 못하게 했다. 그동안 제인과 허크는 나무 뒤에서 유모와 아빠를 보고 있었다.

"역시 불꽃놀이는 낭만적이라니깐."

제인은 멀리서 불꽃놀이를 감상하는 아빠와 유모를 보면서 꼭 영화의 한 장면 같다고 생각했다. 그리고 뒤에서 열심히 불꽃놀이를 하고 있는 허크에게 작전이 성공했다는 표시로 손으로 동그라미를 그렸다. 나머지 불꽃을 올린 허크가 웃으며 손으로 오케이를 그렸다.

"이제 불꽃놀이 다 했으니깐 아빠랑 유모 아줌마, 아니 엄마한테 가자!"

마지막 불꽃이 하늘에서 사그라질 즈음 허크와 제인은

아빠와 유모가 있는 곳으로 갔다.

"너희들, 정말 고맙구나."

유모는 달려온 허크와 제인을 안으면서 고마움을 전했다. 아빠도 옆에서 대견하다는 듯이 바라보았다. 꼭 잡고 있는 유모의 손과 아빠의 손을 보고는 제인과 허크는 작전이 확실히 성공했다며 마주보고 환하게 웃었다.

"이건 아빠와 메리앙 아줌마의 결혼을 축하하는 저희의 선물이에요!"

제인이 웃으면서 유모 품속으로 쏘옥 들어갔다. 그리고 뒤따라 허크가 말을 이었다.

"맞아요! 우리 외계인 엄마 만세!!! 만세!!!!"

너무 기뻐 결국 유모가 외계인이라고 말해 버린 허크가 그제서야 놀란 입을 꾹 다물었다. 하지만 이미 네 사람 모두 외계인이라는 말을 들어버린 후였다.

"응!? 외, 외계인?"

새로운 사실을 알아버린 아빠는 그대로 뒤로 넘어졌다. 다행히 풀밭이라 크게 다치진 않았지만 쓰러진 아빠 머리 위에는 외계인이라는 말이 맴돌면서 춤추고 있었다.